8
1969

Faserforschung und Textiltechnik

WISSENSCHAFTLICH-TECHNISCHE ZEITSCHRIFT
FÜR DIE CHEMIEFASER- UND TEXTILINDUSTRIE

BEGRUNDET VON
ERICH CORRENS UND WALTER FRENZEL

HERAUSGEGEBEN VON ERICH CORRENS –
WOLFGANG BOBETH – HANS BÖHRINGER – HERMANN KLARE –
BURKART PHILIPP – CHRISTIAN RUSCHER

SCHRIFTLEITER J. BRÄMER UND I. RUSCHER

AUS DEM INHALT

Faserforsch. u. Textiltechnik • 20. Jahrg. • Heft 8 • Seiten 357—408 • Berlin im August 1969

T45

PRÄWOZELL® ein Begriff für eine breite Palette hochwertiger Textilhilfsmittel. Ob zum Waschen, Walken, Weichmachen oder zum Schmälzen, Schlichten, Färben, ob zum Beuchen, Bleichen, Detachieren oder zum Netzen, Appretieren, Präparieren:

PRÄWOZELL® veredelt Fasern aus Kunststoff genau so zuverlässig wie Wolle, Baumwolle, Seide, Kunstseide, kurz alle Rohstoffe und Fertigungserzeugnisse der Textilindustrie.

PRÄWOZELL® ein Begriff für Qualitätserzeugnisse, die höchsten Anforderungen gerecht werden.

Fordern Sie eingehendes Informationsmaterial bei uns an.

VEB CHEMISCHE WERKE BUNA · 4212 SCHKOPAU ÜBER MERSEBURG · DDR

DK 621.367.21:677.017.42:539.382.2

Rothe, Horst

Über Experimente zur Demonstration der Dehnungsverteilung an zugbeanspruchten Fördergurtprüfstäben

Faserforsch. u. Textiltechnik **20** (1969) 8, S. 357—360. 6 Abb., 6 Lit.

Die Verzerrung eines Gitters, das auf einen Fördergurtprüfstab vor der Beanspruchung aufgezeichnet wurde, wird zum Beurteilen der Dehnungsverteilung als nicht aussagekräftig erkannt. Demgegenüber lassen sich mit einer speziell entwickelten „Papier-Raster-Methode" örtliche Dehnungsungleichmäßigkeiten gut erkennen.

DK 687.053.64—523:531.232:687.053.5

Nestler, Roland, und Urban, Kurt

Zusammenhänge zwischen Betriebs- und Drehmomentverhalten bei Industrie-Doppelsteppstich-Schnellnähmaschinen

Faserforsch. u. Textiltechnik **20** (1968) 8, S. 361—368. 11 Abb., 22 Lit.

Die Kenntnis des Zusammenhanges zwischen Betriebs- und Drehmomentverhalten bei hochtourigen Nähmaschinen ist für deren konstruktive Weiterentwicklung und Leistungssteigerung von Bedeutung. Mit Hilfe einer geeigneten Meßmethode werden Drehmomentuntersuchungen in Abhängigkeit von verschiedenen Parametern durchgeführt. Für die Auswertung der ermittelten periodischen Funktionen wird eine Methode angegeben, und die theoretischen Zusammenhänge werden analysiert.

DK 677.1/.5:677.017.428:539.319:513.612.2

Bauer, Albrecht, und *Winkler, Friedrich*

Dynamische Zugprüfung von Fäden

XII. Zuordnung der in der Literatur gefundenen Modul-Begriffe zur Systematik der Tangenten- und Sekantenmoduli

Faserforsch. u. Textiltechnik **20** (1969) 8, S. 368—377. 2 Abb., 179 Lit.

Die in der Literatur gefundenen Moduli, die die verschiedensten Begriffe tragen, wurden systematisch als Tangenten- oder Sekantenmodul sowie Amplitudenmodul eingeordnet. Es konnte dabei festgestellt werden, daß verschiedene in der Literatur mit Modul bezeichnete Kenngrößen keine Moduli sind.

DK 678.6/.7—492.3:532.72:546.212:543.21:543.242

Schmalz, Ernst-Otto, und *Grundke, Horst*

Diffusion von Wasser in Hochpolymeren

Faserforsch. u. Textiltechnik **20** (1969) 8, S. 377—383. 4 Abb., 1 Tab., 19 Lit.

Es werden verschiedene Verfahren zur Bestimmung der Diffusionskoeffizienten von Wasser in Hochpolymeren beschrieben. Für Granulatkörper werden speziell eine gravimetrische und eine manometrische Methode angegeben. Die experimentellen Ergebnisse an Polyamid (6) und Polyäthylenterephthalat beziehen sich auf einen Temperaturbereich von 70 bis 200 °C.

DK 547.458.82:678.546.23:542.951.92:547.279.521.1:541.124

Lukanoff, Todor, Linow, Karl-Joachim, und *Philipp, Burkart*

Untersuchungen zur alkalischen Spaltung von Estern und Äthern der Cellulose in Gegenwart von Dimethylsulfoxid

Faserforsch. u. Textiltechnik **20** (1969) 8, S. 383—387. 3 Abb., 3 Tab., 15 Lit.

Während bei hochaktivierten Celluloseäthern (Cyanäthyl- bzw. Amidäthylcellulose), die als niedermolekulares Spaltstück eine aktivierte Vinylverbindung liefern, eine vollständige und polymeranaloge alkalische Spaltung in Gegenwart von Dimethylsulfoxid erfolgt, erfordert die Verseifung von Celluloseacetat und -carbanilat schärfere Reaktionsbedingungen, wodurch ein gewisser Abbau der Cellulosekette nicht zu vermeiden ist. In diesen Fällen ist die Anwendung alkalischer Dimethylsulfoxidlösungen nur zur raschen Bestimmung der Substitutionsgrades sinnvoll.

DK 677.494.674'524'420:539.26:677.845:677.057.472

Schroth, Rudi

Einfluß der Orientierung von Polyäthylenterephthalatfäden auf die Farbstoffaufnahme und die Strukturveränderungen während der Thermosolierung

Faserforsch. u. Textiltechnik **20** (1969) 8, S. 387—390. 10 Abb., 8 Lit.

Das Thermosolverfahren hat gegenüber anderen Färbemethoden einige Vorteile. Bei geeigneten Färbebedingungen wirken sich Strukturunterschiede im Material nur gering auf die Gleichmäßigkeit der Färbung aus. Die bei der Thermosolierung stattfindenden Strukturveränderungen wurden ermittelt.

DK 677.494.745.32:677.494.021.97:677.494.021.925:539.26

v. Hornuff, Günther, und *Grosse, Ingrid*

Über Veränderungen der Feinstruktur von Polyacrylnitrilfasern bei der Reckung und der thermischen Behandlung

2. Mitt.

Faserforsch. u. Textiltechnik **20** (1969) 8, S. 391—399. 17 Abb., 1 Tab.

An PVY-Modell- und Handelsfasern werden die Beziehungen zwischen Reckgrad und thermischer Nachbehandlung untersucht. Die hierbei angewendeten Methoden der Feinstrukturuntersuchung werden auf ihre Aussagekraft beurteilt.

Kurze Mitteilungen

DK 661.728.27:547.473'314:543.432:546.172

Slávik, Ivan, und *Kučerová, Mária*

Verlauf der Reaktion von Hydroxylaminlösungen mit Lactonen in Cellulosepräparaten

Faserforsch. u. Textiltechnik **20** (1969) 8, S. 400—401. 5 Abb., 2 Tab., 8 Lit.

Neue Bücher S. 401—403.

Patentschau S. 403—405.

Literaturschau S. 405—408.

Die Zeitschrift „Faserforschung und Textiltechnik" erscheint monatlich in Heften zu 48 Textseiten im Format A 4. Der Preis für das Einzelheft beträgt M 15,– (Sonderpreis für DDR M 9,–), für den Vierteljahrbezug M 45,– (Sonderpreis für DDR M 27,–), zuzügl. Bestellgeld. Die Berechnung erfolgt zu Beginn eines Vierteljahrs für 3 Hefte. Bestellungen aus dem Gebiet der Deutschen Demokratischen Republik an ein Postamt, eine Buchhandlung oder den Verlag, aus der Deutschen Bundesrepublik an eine Buchhandlung oder die Auslieferungsstelle Kunst und Wissen, Erich Bieber, 7 Stuttgart 1, Wilhelmstraße 4–6, aus dem Ausland an eine Importbuchhandlung, den Deutschen Buch-Export und -Import GmbH., 701 Leipzig, Postschließfach 276, oder den Akademie-Verlag GmbH., 108 Berlin, Leipziger Str. 3–4 (Fernruf: 220441; Telex-Nr. 0112020; Postscheckkonto 35021) erbeten. Bestellnummer dieses Heftes: 1014/20/8. Alleinige Anzeigenannahme DEWAG-WERBUNG, 102 Berlin, Rosenthaler Str. 28/31, und alle DEWAG-Betriebe in den Bezirksstädten der DDR. – Bestellungen in der UdSSR nehmen entgegen: Städtische Abteilungen von „SOJUZPECHATJ" bzw. Postämter und Postkontore.

Herausgeber und verantwortlich für den Inhalt: Prof. Dr. Erich Correns, Institut für Faserstoff-Forschung der Deutschen Akademie der Wissenschaften zu Berlin, 153 Teltow-Seehof, Fernruf: Teltow 4831; Prof. Dr.-Ing. habil. Wolfgang Bobeth, Institut für Technologie der Fasern der Deutschen Akademie der Wissenschaften zu Berlin, 801 Dresden, Hohe Str. 6, Fernruf: 44721; Prof. Dr.-Ing. Hans Böhringer, Institut für Textiltechnologie der Chemiefasern Rudolstadt, Fernruf: Rudolstadt 2031; Prof. Dr. Hermann Klare, Prof. Dr. habil. Burkart Philipp und Dr. Christian Ruscher, Institut für Faserstoff-Forschung der Deutschen Akademie der Wissenschaften zu Berlin, 153 Teltow-Seehof, Fernruf: Teltow 4831. Schriftleiter: Joachim Brämer und Dipl.-Chem. Ingeborg Ruscher, 153 Teltow-Seehof, Kantstr. 55. Verlag: Akademie-Verlag GmbH., 108 Berlin, Leipziger Str. 3–4. Satz und Druck: Druckhaus „Maxim Gorki", 74 Altenburg. – Veröffentlicht unter der Lizenznummer 1280 des Presseamtes beim Vorsitzenden des Ministerrates der Deutschen Demokratischen Republik.

Faserforschung und Textiltechnik

WISSENSCHAFTLICH-TECHNISCHE ZEITSCHRIFT FÜR DIE CHEMIEFASER- UND TEXTILINDUSTRIE

Band 20 August 1969 Heft 8

Über Experimente zur Demonstration der Dehnungsverteilung an zugbeanspruchten Fördergurtprüfstäben[1]

Horst Rothe

Deutsche Akademie der Wissenschaften zu Berlin, Institut für Technologie der Fasern in Dresden

DK 621.867.21:677.017.42:539.382.2

Die Verzerrung eines Gitters, das auf einen Fördergurtprüfstab vor der Beanspruchung aufgezeichnet wurde, wird zum Beurteilen der Dehnungsverteilung als nicht aussagekräftig erkannt. Demgegenüber lassen sich mit einer speziell entwickelten „Papier-Raster-Methode" örtliche Dehnungsungleichmäßigkeiten gut erkennen.

Об экспериментах для демонстрации распределения удлинений при растяжении проб из транспортерных лент

Проведенные исследования показали, что искажение решетки, нанесенной перед нагрузкой на пробы из транспортерных лент нельзя применять для оценки распределения удлинений. Местные неравномерности удлинения, однако, можно хорошо наблюдать при применении специально разработанного метода с использованием сетки на бумаге.

Experimental Demonstration of the Strain Distribution in Conveyer Belt Specimens under Tension

The distortion of a lattice drawn on a conveyer belt specimen prior to stressing proved to be insufficient for testing the strain distribution. However, the uneveness in strain distribution was adequately demonstrated by a specially designed frame-scanning method.

1. *Einleitung*

Für Zugversuche an Fördergurten fand bislang der DIN-Stab (Bild 1a) [1] Verwendung. Im Bestreben, prüftechnische Schwierigkeiten bei hochfesten Fördergurten mit Gewebeeinlagen aus Chemieseiden zu überwinden, wurde unter anderem versucht, die Prüfstabform zu modifizieren [2, 3, 4]. Bild 1b und c zeigt mit den Prüfstäben „R 15" und „R 250" zwei von den in diesem Zusammenhang untersuchten Formen.

Bei Zugversuchen an diesen Prüfstäben war auffallend, daß die meisten Brüche nicht im Bereich der Prüfbreite, d. h. im engsten Querschnitt, auftraten, sondern am Beginn der Übergangsradien zu den Einspannköpfen zu beobachten waren (in Bild 1 durch Freihandlinien gekennzeichnet). Zur Untersuchung dieses Effektes und auch zur Bestätigung entsprechender elektroanaloger Messungen [5] wurde angestrebt, einen Überblick über das bei verschiedenen Formen auftretende Dehnungsfeld zu gewinnen, d. h. die Dehnungsverteilung unmittelbar am Prüfstab sichtbar zu machen.

Zunächst war die Aussagekraft eines aufgezeichneten Gitters zu untersuchen, das sich bei Zugbeanspruchung entsprechend verformt. Diese Methode ist vom Tiefziehversuch für Bleche her bekannt und wurde auch für Untersuchungen an Fördergurten angewandt [3, 4]. Sodann waren weitere Bestrebungen darauf gerichtet, die für Bauteiluntersuchungen bekannte „Reißlack"-Methode [6] zum Erkennen der Dehnungsverteilung an zugbeanspruchten Fördergurtprüfstäben nutzbar zu machen.

[1]) Erweiterter Auszug aus der Dissertation des Verfassers „Über die Beanspruchung von Fördergurten mit Gewebeeinlagen beim Zugversuch", TU Dresden, Fakultät Technologie 1967. Referenten: Prof. Dr.-Ing. habil. *W. Bobeth* und Prof. Dr.-Ing. habil. *H. Perner*.

2. *Über die Verzerrung eines aufgezeichneten Gitters*

Auf die drei in Bild 1 vermaßten Prüfstäbe wurde ein Gitter aufgezeichnet (Bild 2a), das sich bei Zugbeanspruchung verzerrt.

Das beobachtbare Ausziehen der Prüfstäbe aus den Einspannklemmen stellt ein allgemeines Problem der Krafteinleitung dar, das insbesondere mit der Einführung hochfester Fördergurte aufgetreten war. Ohne näher darauf einzugehen, sei hierzu bemerkt, daß diese störende Erscheinung mit steigender Belastung —

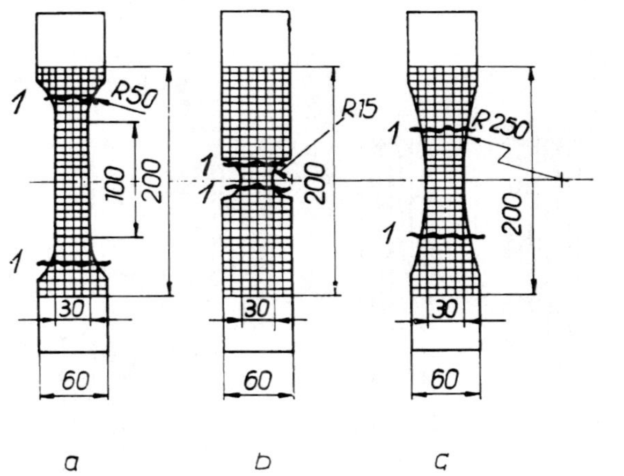

Bild 1. Prüfstabformen für Zugversuche an Fördergurten
a DIN b R 15 c R 250
1 bevorzugte Bruchstellen

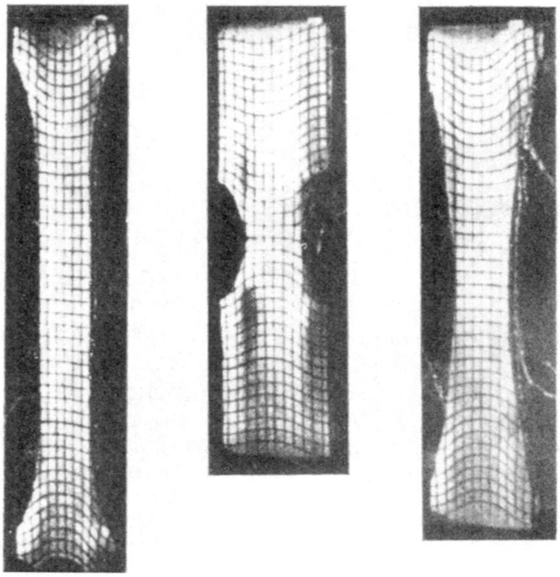

a b c

Bild 2. Verformung zugbeanspruchter Prüfstäbe mit aufgezeichnetem Gitter (nach [3])
a DIN b R 15 c R 250
(Die Karkasse war aus 4 Gewebeeinlagen PAS 250/80 aufgebaut)

nach Überschreiten eines Schwellwertes — zunimmt und sowohl von der Konstruktion, der Oberfläche und dem Druck der Klemmen als auch von der Prüfstabform abhängt.

Ein Verzerren des Gitters wird auch dann zu beobachten sein, wenn es durch entsprechende Maßnahmen gelingt, das Herausziehen der Prüfstäbe aus den Einspannklemmen zu verhindern.

Bei der Deutung der Verzerrungen kommt es in vorliegender Arbeit insbesondere auf die Querlinien der Gitter an, die „Linien gleicher Ausgangslänge" darstellen. Sie vermitteln auf Grund ihrer mehr oder weniger stark gekrümmten Form dem Betrachter einen bestimmten visuellen Eindruck, so daß es nicht verwundert, wenn daraus Aussagen über die Materialbeanspruchung der in der Prüfbreite vorhandenen durchgehenden Fäden hergeleitet werden [2]. So sollen starke Verzerrungen auf hohe und geringe Verzerrungen auf niedrige örtliche Dehnungen hindeuten.

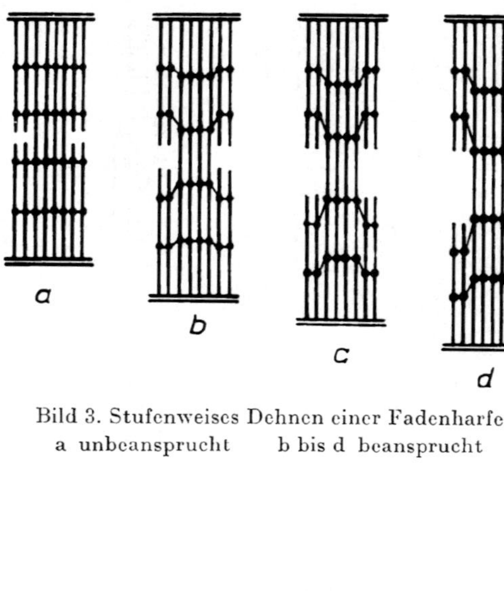

Bild 3. Stufenweises Dehnen einer Fadenharfe
a unbeansprucht b bis d beansprucht

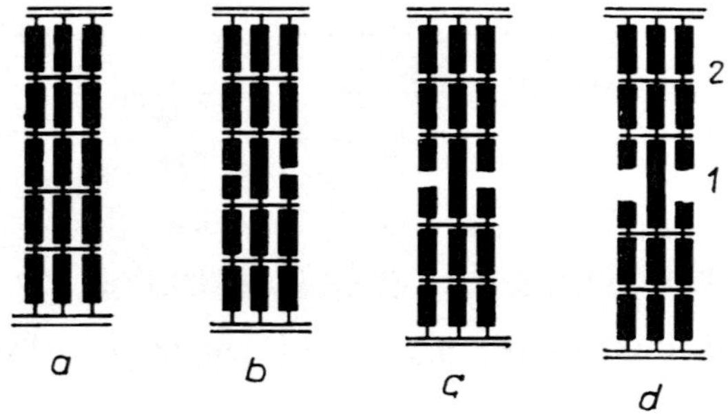

Bild 4. Stufenweises Dehnen eines Federmodells
a unbeansprucht b bis d beansprucht

Zur kritischen Beurteilung dieser Betrachtungsweise dienen Gedankenexperimente an einer Fadenharfe und an einem Federmodell; diese beiden Studienobjekte unterscheiden sich in bezug auf die Übertragbarkeit von Schubkräften: Null für die Fadenharfe und $\rightarrow\infty$ für das Federmodell.

Erstes Gedankenexperiment. Auf die Fäden einer *Fadenharfe* (Bild 3) werden in gleichmäßigen Abständen Quermarkierungen aufgezeichnet; dann wird sie durch Einschnitte „gekerbt" und anschließend stufenweise gedehnt. Die (gedachten) Verbindungslinien zeigen dabei starke Verzerrungen, obwohl die durchgehenden Fäden gleichmäßig gedehnt wurden.

Zweites Gedankenexperiment. Die Querstege eines *Federmodells* (Bild 4) sollen so biegesteif ausgeführt sein, daß deren Durchbiegung im Vergleich zur Federdehnung vernachlässigt werden kann. Sie stellen zugleich markante Querlinien dar. Auch dieses Modell wird durch Einschnitte „gekerbt" und anschließend stufenweise gedehnt. Dabei sind visuell keine Verzerrungen feststellbar, und dennoch ist die Dehnung der mittleren, eine durchgehende Kette bildenden Federn ungleichmäßig: Die Längenänderung der im Bereich der Kerbstelle (1) befindlichen unzerstörten Feder ist größer als die Längenänderung jeder anderen Feder (2) des Modells.

Diese beiden Gedankenexperimente lassen erkennen, daß starke Verzerrungen auf hohe örtliche Dehnungen nicht hindeuten, und daß aus einem Fehlen von Verzerrungen keine Dehnungsgleichmäßigkeit abgeleitet werden kann.

Ohne hier näher darauf einzugehen sei nur vermerkt, daß Fördergurte bezüglich der Übertragbarkeit von Schubkräften zwischen diese beiden Extremfälle einzuordnen sind. Somit lassen sich Höhe und Gleichmäßigkeit der Dehnung der in der Prüfbreite vorhandenen Fäden aus der Form der Querlinien visuell nicht erkennen.

3. *Über Experimente mit einer speziell entwickelten „Papier-Raster-Methode"*

Die Anwendung bekannter „Reißlacke" [6] erfordert unter anderem eine blanke und glatte Oberfläche, eine Voraussetzung, die bei Fördergurten nicht erfüllt ist.

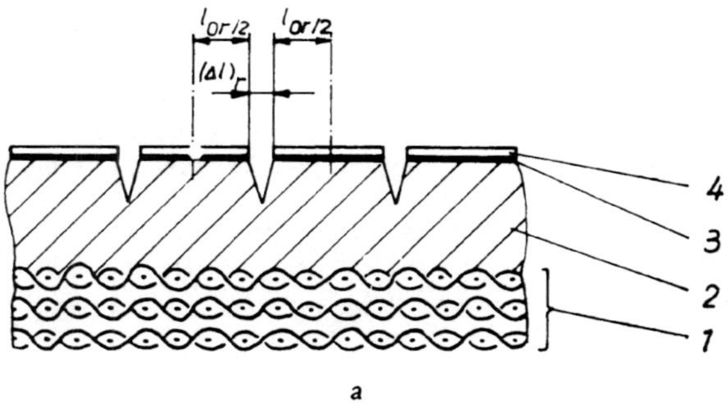

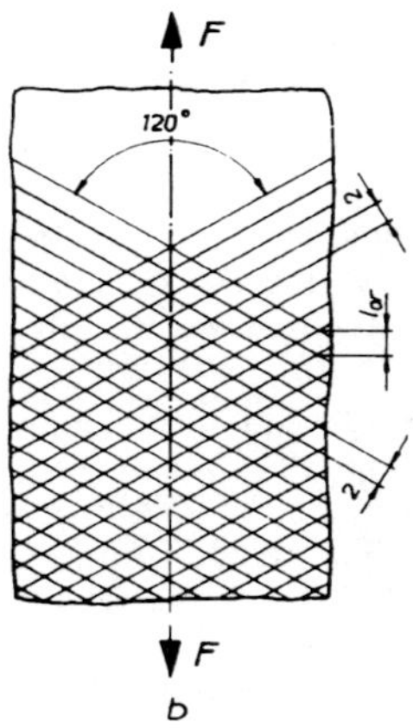

Bild 5. Zur Wirkungsweise der „Papier-Raster-Methode"

a auf Zug beanspruchter Fördergurt im Längsschnitt, einseitig mit Deckgummi versehen und für die „Papier-Raster-Methode" präpariert

1 Karkasse
2 Deckgummi
3 Klebstoff
4 (weißer) Karton

b Anordnung der Schnittlinien für die Rasterung

Tastversuche mit verschiedenen, hellen Farbanstrichen, die auf den (schwarzen) Deckgummi aufgetragen wurden, ergaben ungleichmäßige Risse und ließen einen Erfolg auf dieser Basis zweifelhaft erscheinen. Auch ein Aufkleben kontrastreicher Farbpartikel erbrachte nicht den gewünschten Erfolg. Daraufhin wurden für die weitere Suche nach einem geeigneten Verfahren, das der Reißlack-Methode entspricht, folgende Forderungen aufgestellt:

a) Die Risse dürfen nicht zufällig entstehen;
b) die Farbschicht soll so dehnungsarm sein, daß örtliche Längenänderungen in den Rissen sichtbar werden;

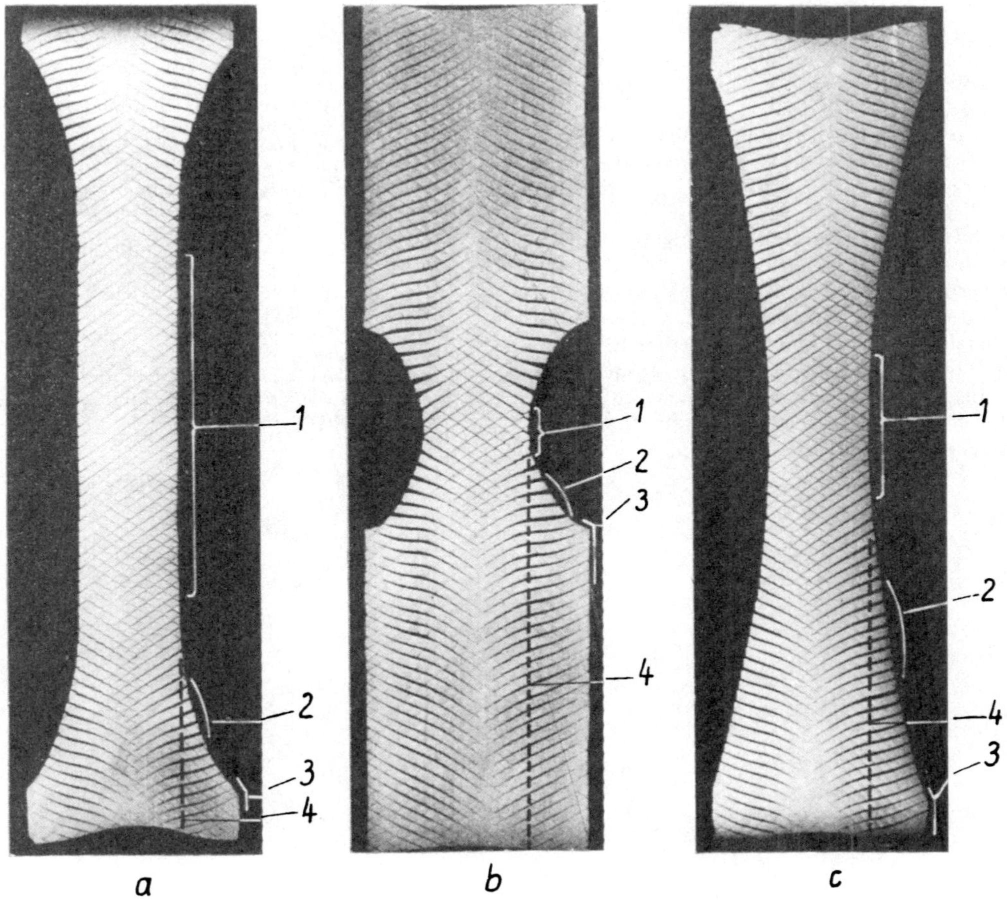

Bild 6. Demonstration der Dehnungsverteilung an zugbeanspruchten Fördergurtprüfstäben nach der „Papier-Raster-Methode"
(Die Karkasse war aus 3 Gewebeeinlagen PAS 200/100 aufgebaut; es wurde bei 1200 kp fotografiert)
a DIN b R 15 c R 250

1 Bereich der Prüfbreite
2 Dehnungsmaxima
3 Dehnungsminima
4 Grenze zwischen Prüfbreite und „Randzonen"

c) im ungedehnten Zustand des Prüfstabes soll der Schwarzanteil der (hellen) Farbschicht nahezu Null sein.

Diese drei Forderungen werden erfüllt, wenn man einen festen weißen Karton (z. B. Fotopapier) mit einem guten Klebstoff (z. B. Epoxidharz) auf den Deckgummi klebt und ihn dann durch Einschneiden (z. B. mit einem Skalpell) rastert. Somit sind die „Rißstellen" vorgegeben, die Farbschicht ist — bedingt durch den Karton — dehnungsarm, und im ungedehnten Zustand liegt eine gleichmäßige helle Fläche vor. Bei Zugbeanspruchung werden die Risse sichtbar (Bild 5a). Sie erscheinen als mehr oder weniger breite schwarze Linien. In Vorversuchen wurde der Abstand der Schnittlinien sowie ihr Kreuzungswinkel variiert; 2 mm und 120 °C (Bild 5b) erbrachten befriedigende Ergebnisse.

Wird mit l_{or} die ungedehnte Länge eines Rasterfeldes und mit $(\Delta l)_r$ die örtlich auftretende Längenänderung bezeichnet, so ist die örtliche Dehnung $\varepsilon_r = (\Delta l)_r / l_{or}$. Da l_{or} konstant bleibt, besteht Proportionalität zwischen der Breite der sichtbar werdenden schwarzen Linien und der örtlich auftretenden Dehnung. Somit ist die Papier-Raster-Methode geeignet, um Dehnungsverteilungen, d. h. örtliche Dehnungsunterschiede, zu demonstrieren.

Bild 6 zeigt die Anwendung der Papier-Raster-Methode an den Prüfstabformen von Bild 1. Daraus läßt sich folgendes erkennen:

Im *Bereich der Prüfbreite* (1) ist die örtliche Dehnung beim DIN-Stab zwar ausgeglichen, aber keineswegs am höchsten. Bei den Prüfstäben R 15 und R 250 liegt in diesem Bereich das gleiche Rasterbild wie beim DIN-Stab vor; auch bei ihnen tritt an diesen engsten Stellen nicht die maximale Dehnung auf.

Dehnungsmaxima sind übereinstimmend am Beginn des Übergangs von der Prüfbreite zu den Einspannköpfen festzustellen (2), und zwar sind sie bei R 15 am stärksten und bei R 250 am schwächsten ausgeprägt. Es sind dies die Stellen, an denen die Brüche auftreten (in Bild 1 durch Freihandlinien angedeutet). Somit ist es sehr wahrscheinlich, daß die Zerstörung von diesen Dehnungsmaxima ausgeht.

Am Beginn der Einspannköpfe treten in den äußeren „Ecken" (3) *Dehnungsminima* auf.

Weiterhin soll noch der durch eine Strichlinie (4) hervorgehobene Effekt erwähnt werden, ohne ihn in vorliegender Arbeit zu deuten: In Verlängerung der Prüfbreite zeichnen sich jeweils zwei durchgehende Streifen ab, deren Farbtiefe auf der Strichlinie Maximalwerte erreichen, die nach den Einspannklemmen hin abnehmen.

4. *Zusammenfassung*

Auf Grund des visuellen Eindrucks, der aus verzerrten Querlinien eines auf Fördergurtprüfstäbe aufgezeichneten Gitters gewonnen wird, lassen sich Aussagen über Höhe und Gleichmäßigkeit der Dehnung nicht ableiten, weshalb diese Methode zur Demonstration der Dehnungsverteilung ungeeignet ist.

Demgegenüber gibt ein speziell entwickeltes Verfahren, „Papier-Raster-Methode" genannt, einen anschaulichen Überblick über das in einem zugbeanspruchten Fördergurtprüfstab vorliegende Dehnungsfeld. Damit war es möglich, Maximalwerte der örtlichen Dehnung außerhalb der engsten Querschnitte zu erkennen; sie treten an den Stellen auf, an denen bei Zugversuchen die Zerstörung erfolgt.

Literatur

[1] TGL 8444: Gummigurte mit Gewebeeinlagen. (Jan. 1966). Verbindlich ab 1. 10. 1966.

[2] *Quaas, H.:* Wird sich die Kaltvulkanisation für die Endlosverbindung hochbeanspruchter Gummigurte im Braunkohlentagebau durchsetzen? Freiberger Forschungshefte A 189, Berlin: Akademie-Verlag 1960, S. 17—44.

[3] *Quaas, H.:* Prüfung von Gummifördergurten mit Gewebeeinlagen. Bergbautechnik **15** (1965) 12, S. 647 bis 657.

[4] *Niemeyer, D.:* Zur Eignung unterschiedlicher Probenformen für die Zugprüfung von Fördergurten mit Polyester/Polyamid-Einlagen. Kautschuk, Gummi, Kunststoffe **21** (1968) 2, S. 51—58.

[5] *Rothe, H.:* Nutzung der Elektroanalogie zur Analyse der Beanspruchung gewebter Flächengebilde. Faserforsch. u. Textiltechnik **19** (1968) 9, S. 422—431.

[6] *Fink, K.,* und *Rohrbach, Chr.:* Handbuch der Spannungs- und Dehnungsmessung. Düsseldorf: VDI-Verlag 1958, S. 93—130.

Eingegangen am 13. Januar 1969

Zusammenhänge zwischen Betriebs- und Drehmomentverhalten bei Industrie-Doppelsteppstich-Schnellnähmaschinen

Roland Nestler und Kurt Urban
Bereich Textiltechnik der Technischen Universität Dresden
(Bereichsleiter: Prof. Dr.-Ing. habil. W. Bobeth)

DK 687.053.64—523:531.232:687.053.5

Die Kenntnis des Zusammenhanges zwischen Betriebs- und Drehmomentverhalten bei hochtourigen Nähmaschinen ist für deren konstruktive Weiterentwicklung und Leistungssteigerung von Bedeutung. Mit Hilfe einer geeigneten Meßmethode werden Drehmomentuntersuchungen in Abhängigkeit von verschiedenen Parametern durchgeführt. Für die Auswertung der ermittelten periodischen Funktionen wird eine Methode angegeben, und die theoretischen Zusammenhänge werden analysiert.

Взаимосвязи между поведением промышленных быстроходных швейных машин для шивки двойной стежкой при эксплуатации и их вращающим моментом

Для улучшения конструкции быстроходных швейных машин имеет значение знание взаимосвязи между их поведением при эксплуатации и вращающим моментом. При помощи подходящего измерительного метода была изучена зависимость вращающего момента от различных параметров. Разработан метод обработки полученных периодических функций и проведен анализ теоретических основ.

Relationship between Performance and Torque in Industrial Double Stitch High-Speed Sewing Machines

The relationship between performance and torque of high-speed sewing machines is fundamental in improving the efficiency and construction. An appropriate method is applied for determining the dependence of the torque on various parameters and a technique is devised for evaluating the periodical functions obtained. The theoretical relations are discussed.

1. Einleitung

Obwohl in letzter Zeit zum Verbinden von Stoffteilen auch neuere Verfahren, wie die Klebe- und Schweißtechnologie, angewendet werden, dominiert gegenwärtig nach wie vor die klassische Nähtechnologie. Die sich abzeichnenden Entwicklungstendenzen deuten darauf hin, daß auch künftig die Nähtechnologie Anwendung finden wird. Die Nähmaschinen, die in einer Vielzahl hergestellt werden, sind das wichtigste Produktionsmittel in der industriellen Bekleidungsfertigung. Nach Angaben von *Göbel* [1] wird die Nähmaschine im Rahmen des allgemeinen Maschinenbaues in so vielen Exemplaren gefertigt, wie sonst keine andere Maschine. Die weitere Entwicklung bei den Industrie-Nähmaschinen wird u. a. dadurch gekennzeichnet sein, daß man die Stichanzahl je Zeiteinheit, besonders für solche Nähmaschinen, die zum Herstellen langer Nähte dienen [2], in bestimmten Grenzen erhöht und im Zusammenhang damit vor allem das Laufverhalten der Nähmaschine weiter verbessert. Zur Lösung dieser Problematik sind umfangreiche und komplizierte Untersuchungen mit geeigneten Meß- und Auswertemethoden erforderlich. In den folgenden Ausführungen werden eine Meßmethode zum Bestimmen des Betriebsverhaltens an der Industrie-Doppelsteppstich-Schnellnähmaschine und eine geeignete mathematische Auswertmethode, bei der Rechenautomaten eingesetzt werden, beschrieben sowie einige Untersuchungsergebnisse angeführt.

2. Bedeutung und Messung des Betriebsverhaltens bei Industrie-Nähmaschinen

Zum Beurteilen des Betriebsverhaltens der Nähmaschine dienen Drehmomentuntersuchungen. Obwohl bei Kraft- und Arbeitsmaschinen Drehmomentmessungen bereits durchgeführt wurden, sind derartige Messungen an Industrie-Nähmaschinen aus der Literatur noch nicht bekannt geworden. Die Gründe hierfür sind vielerlei Art. Eine entscheidende Rolle spielt die Anwendung eines zweckmäßigen Meß- und Auswertungsverfahrens. Bei Nähmaschinen sind im Vergleich zu anderen Maschinen relativ kleine Drehmomente zu erwarten; aber dafür treten sehr hohe Arbeitsfrequenzen bis etwa 100 Hz auf.

Die Nähmaschinenelemente werden auf Grund von Erfahrungswerten ausgelegt. So wird beim Festlegen des Drehmomentes ein mittleres konstantes Drehmoment mit einem entsprechenden Sicherheitsfaktor angenommen. Der eigentliche Drehmomentverlauf in Abhängigkeit von der Zeit bzw. dem Drehwinkel mit allen seinen Schwankungen wird dabei nicht berücksichtigt. Ein exakter Nachweis über den Drehmomentverlauf bei der Nähmaschine kann experimentell geführt werden. Besonders bei dem komplizierten Mechanismus der Nähmaschine wirken sich Drehmomentspitzen, die sowohl im positiven als auch im negativen Bereich liegen können, sehr nachteilig u. a. auf die gesamte Nähmaschine und Nähsicherheit aus. Ungünstige Drehmomentverläufe können beispielsweise zu lokalen Deformationen, großen Schwingungsamplituden und hohen Geräuschpegeln führen, so daß bestimmte Teile den erhöhten mechanischen Beanspruchungen nicht standhalten und Dauerbrüche sowie vorzeitiger Verschleiß möglich sind. Treten derartige ungünstige Drehmomentverläufe auf, so sind Leistungssteigerungen bei Nähmaschinen nicht ohne weiteres möglich. Für die weitere konstruktive und kinematische Verbesserung der Nähmaschine ist deshalb die Kenntnis des Drehmomentverlaufes für den Konstrukteur von großer Bedeutung, da einerseits der Einfluß der Nähelemente auf den Drehmomentverlauf genau ermittelt und andererseits die Dimensionierung und die Art der Auslegung dieser Teile und deren Antrieb genau berechnet und optimal ausgewählt werden können.

2.1. Auswahl des Meßverfahrens

Zum Bestimmen des Drehmomentes gibt es mehrere Methoden. Prinzipiell kann das Drehmoment auf mechanischem oder elektrischem Wege gemessen werden. In der einschlägigen Literatur [3 bis 10] werden die verschiedenen Verfahren hinreichend beschrieben. Die mechanischen Drehmomentmeßmethoden sind für den vorliegenden Fall nicht geeignet. Es wird eine elektrische Meßmethode angewendet, die infolge der vielen Vorteile, wie einfache Realisierung der Verstärkung, nahezu trägheitsloses Arbeiten, genaue Registrierung der Ergebnisse und Arbeitsmöglichkeit auch in hohen Frequenzbereichen besonders für die Drehmomentmessung bei hochtourigen Industrie-Nähmaschinen geeignet ist. Voruntersuchungen [11] haben ergeben, daß sich zum Bestimmen des Drehmomentes an Industrie-Nähmaschinen die elektrische Widerstandsmessung mittels Dehnmeßstreifen im Gegensatz zu anderen Methoden am besten bewährt hat. Der Einsatz von Dehnmeßstreifen ist vor allem deshalb günstig, weil die Platzverhältnisse an der Nähmaschine sehr beschränkt sind. Auch solche Bedingungen, die von *Fink* [12] angegeben werden, sind durch Anwenden von Dehnmeßstreifen beim Messen des Drehmomentverlaufs an der Nähmaschine ausreichend erfüllt. Die Dehnmeßstreifen zeichnen sich durch große Empfindlichkeit aus, die in einer *Wheatstone*schen Brückenschaltung (Vollbrückenschaltung) noch um den Faktor vier erhöht werden kann, was sich besonders bei Drehmomentaufnahmen an hochtourigen Nähmaschinen günstig auswirkt. Der Drehmomentverlauf wird durch den Einbau der Meßeinrichtung nur wenig beeinflußt. Die Dehnmeßstreifen und die Stromübertragungsvorrichtung (Schleifring) rotieren zwar mit dem Meßobjekt, aber die symmetrische Anordnung, die kleinen Abmessungen sowie die relativ geringen Massen wirken sich unwesentlich auf das Meßergebnis aus.

2.2. *Versuchsaufbau und -durchführung*

Als Versuchsmaschine diente die Industrie-Doppelsteppstich-Schnellnähmaschine der Klasse 8332/001 vom VEB Nähmaschinenwerke Altenburg. Diese Nähmaschine wird in der Literatur [13, 14] ausführlich beschrieben. Die Nähmaschine ist für einen Arbeitsbereich bis 5000 Stiche/min ausgelegt. Der Antrieb geschieht von einem Kupplungsmotor ($N = 0{,}4$ kW) aus über einen Keilriemen auf das Antriebsrad der Hauptwelle (Armwelle) der Nähmaschine. Gemessen wird der Drehmomentverlauf der Hauptwelle. Da es die Platzverhältnisse nicht gestatten, die Messungen am äußeren Ende der Hauptwelle zwischen Antriebsrad und Transporteurantrieb durchzuführen, mußte der Antrieb verlegt werden. Die Hauptwelle wurde mit einem Kupplungs- und Wellenstück fest verbunden und die auf diese Weise verlängerte Hauptwelle am Ende zusätzlich gelagert. Der Antrieb (Motor, Keilriemen, Antriebsrad) wurde am äußeren Hauptwellenende angebracht. Aus Bild 1 geht der prinzipielle Versuchsaufbau der Nähmaschine hervor. Auf der verlängerten Hauptwelle befinden sich 4 Dehnmeßstreifen vom Typ WG 12/0,25 (k-Faktor $1{,}57 \pm 1{,}5\%$, $R = 122\,\Omega \pm 0{,}5\%$, $t \leqq 70\,°C$), die unter einem Winkel von 45° zur Wellenachse und um 90° versetzt auf die Welle aufgeklebt sind. Die Dehnmeßstreifen sind in Vollbrücke geschaltet, wodurch nicht nur die Empfindlichkeit im Gegensatz zur Halbbrückenschaltung gesteigert, sondern auch andere Einflußgrößen, wie Temperatur- und Feuchtigkeitsschwankungen, Biege-, Zug- und Druckeinflüsse weitestgehend kompensiert werden. Bei besonders hohen dynamischen Beanspruchungen können Biegespannungen auftreten; diese werden im Meßergebnis mit erfaßt. Ist die

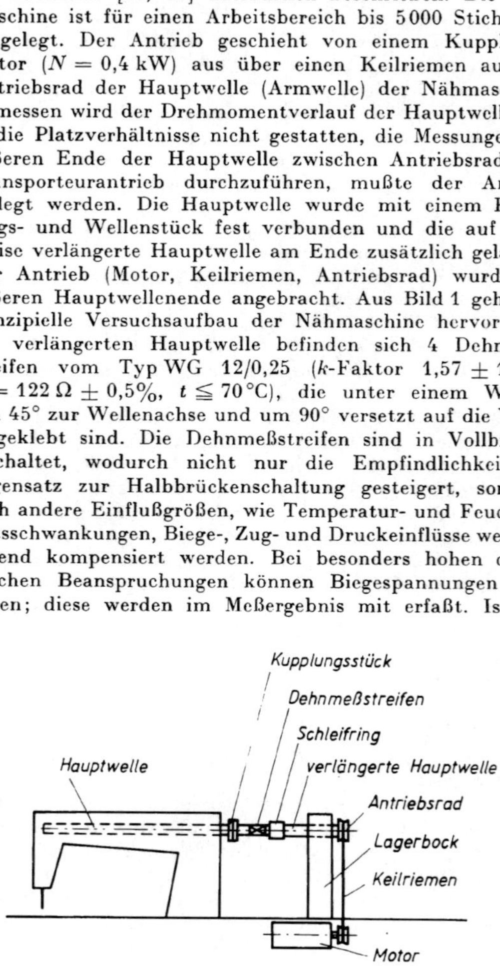

Bild 1. Prinzip des Versuchsaufbaues

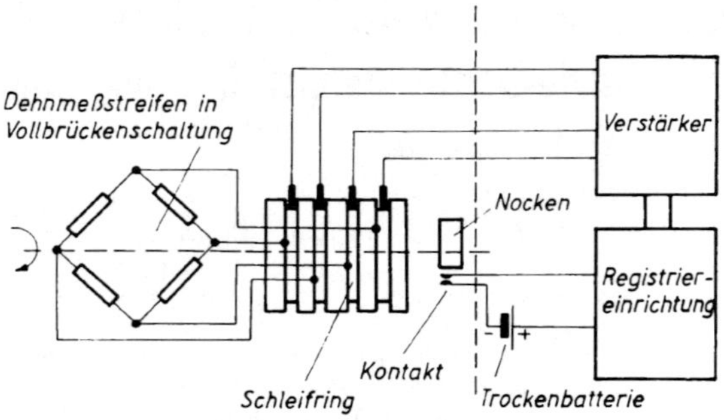

Bild 2. Blockschaltschema des Versuchsaufbaues

Kenntnis der Biegespannungen bei großen Verfälschungen des Drehmomentverlaufes erforderlich, so muß zu deren Bestimmung eine zusätzliche Meßvorrichtung eingebaut werden. Das Blockschaltschema des Versuchsaufbaues zeigt Bild 2. Die Meßspannung der zu einer Vollbrücke geschalteten, auf der Hauptwelle aufgeklebten Dehnmeßstreifen wird über 2 Schleifringe dem Eingang des Meßverstärkers (Dehnmeßgerät 4 D 3) und vom Ausgang dieses Gerätes den Neunschleifenoszillographen vom Typ 9S0-1F3 zur kontinuierlichen Registrierung zugeleitet. Über zwei weitere Schleifringe wird die vom Verstärker gelieferte Speisespannung an die Brückenschaltung gelegt. Bei dieser Schaltung wird eine Verfälschung durch Änderung des Übergangswiderstandes der Schleifringe weitgehend vermieden, da der Meßverstärker einen hohen Eingangswiderstand hat. Der Drehwinkel wird durch einen Kontakt, der auf dem Umfang der Hauptwelle liegt, markiert. Dieser Kontakt wird durch eine Trockenbatterie gespeist. Der Kontaktstrom wird gleichfalls auf dem Oszillographen registriert. Die Anzeige ist so eingestellt, daß jeweils im oberen Totpunkt der Nadel eine Strichmarkierung auf dem Oszillogramm erscheint. Zum Ermitteln des Eichdiagramms wird die Hauptwelle mit einer speziellen Vorrichtung blockiert, um ein Drehen der Welle zu verhindern. An einem Meßstab, der an der Meßwelle (verlängerte Hauptwelle) fest verschraubt wird, werden in verschiedenen Abständen unterschiedliche Massen angehängt. Dadurch können definierte Drehmomente registriert werden. Zwischen den aufgebrachten definierten Drehmomenten und den oszillographierten Drehmomenten besteht die erwartete lineare Abhängigkeit.

3. *Versuchsauswertung und -ergebnisse*

3.1. *Allgemeines zur Auswertung periodischer Funktionen*

Periodische Funktionen, die auch in Form von Zeitfunktionen vorliegen, in der Art

$$f(t) = f(t + \mu T) \qquad (\mu = \pm 1, \pm 2, \pm 3, \ldots)$$

mit der Periode T, lassen sich durch trigonometrische Reihen

$$f_n(t) = \frac{a_0}{2} + a_1 \cos \frac{2\pi}{T}\, t + a_2 \cos 2\, \frac{2\pi}{T}\, t + \ldots + a_n \cos n \cdot \frac{2\pi}{T} \cdot t + b_1 \sin \frac{2\pi}{T} \cdot t + b_2 \sin 2\, \frac{2\pi}{T}\, t + \ldots + b_n \sin n\, \frac{2\pi}{T}\, t \qquad (1)$$

darstellen [15 bis 18]. Die Voraussetzung, daß die Funktion $f(t)$ für das Intervall $0 \leqq t \leqq T$ beschränkt, eindeutig und zumindest stückweise stetig ist, wird durch alle praktisch in der Technik vorkommenden Funktionen erfüllt. Für $n \to \infty$ wird die trigonometrische Summe

$$f_n(t) = \frac{a_0}{2} + \sum_{k=1}^{k=n} \left(a_k \cos k \frac{2\pi}{T} t + b_k \cdot \sin k \frac{2\pi}{T} t\right) \quad (2)$$

zur *Fourier*-Reihe von $f(t)$, die unter den angeführten Voraussetzungen im quadratischen Mittel gegen die Funktion $f(t)$ konvergiert:

$$\lim_{n \to \infty} \left\{\int_{t_0}^{t_0+T} [f(t) - f_n(t)]^2 \, dt\right\} = 0. \quad (3)$$

Genügt die Funktion $f(t)$ den *Dirichlet*schen Bedingungen, so konvergiert $f_n(t)$ für $n \to \infty$ und hat in den Unstetigkeitsstellen $\bar{x}$ den Wert

$$\frac{f(\bar{x} - 0) + f(\bar{x} + 0)}{2}.$$

Die in (2) angeführten Beiwerte oder Koeffizienten a_0, a_k, b_k werden durch folgende Formeln bestimmt:

$$a_0 = \frac{2}{T} \int_{t_0}^{t_0+T} f(t) \, dt, \quad (4)$$

$$a_k = \frac{2}{T} \int_{t_0}^{t_0+T} f(t) \cos k \frac{2\pi}{T} t \, dt \quad (5)$$

und

$$b_k = \frac{2}{T} \int_{t_0}^{t_0+T} f(t) \sin k \frac{2\pi}{T} t \, dt. \quad (6)$$

Durch Substitution von

$$c_k = \sqrt{a_k^2 + b_k^2} \qquad \text{und} \qquad \tan \delta_k = \frac{a_k}{b_k}$$

läßt sich die trigonometrische Summe (2) in die Form

$$f_n(t) = \frac{a_0}{2} + \sum_{k=1}^{k=n} c_k \cdot \sin\left(k \frac{2\pi}{T} t + \delta_k\right) \quad (7)$$

überführen. Bei dieser Darstellungsweise sind je zwei gegeneinander verschobene Anteile (Sinus- und Cosinus-Anteil) der gleichen Frequenz zu einer sinusförmigen Schwingung mit dem Maximalwert c_k zusammengefaßt, deren Nulldurchgang um den Wert δ_k gegenüber t_0 verschoben ist. Dert Wert c_k gibt für $k = 1$ die Amplitude der Grundschwingung, auch Grundwelle oder erste Harmonische genannt, für $k > 1$ die Amplitude der $(k-1)$-ten Oberschwingung bzw. $(k-1)$-ten Oberwelle oder der k-ten Harmonischen an.

Die δ_k kennzeichnen die Verschiebung (oder Phasenverschiebung) der k-ten Harmonischen gegenüber dem Wert $t = t_0$. Eine Veränderung von $c_0 = a_0$ bedeutet nur eine konstante Verschiebung aller Funktionswerte von $f_n(t)$ in Ordinatenrichtung und wird deshalb oft als schwingungsfreier Gleichanteil bezeichnet. Der Wert $a_0/2$ ist, wie aus (4) hervorgeht, der lineare Mittelwert von $f(t)$. Zur praktischen Berechnung der Koeffizienten a_0, a_k, b_k für willkürliche Meßkurven oder für durch Wertetabellen gegebene Funktionen sind die Formeln (4) bis (6) nicht geeignet. Es wird auf die einschlägige Literatur verwiesen, in der mehrere graphische, instrumentelle und numerische Verfahren beschrieben werden [15 bis 22]. Für die Auswertung einer großen Zahl von Meßkurven ist aus Zeitgründen ein numerisches Verfahren zu bevorzugen. Bei vorliegender Versuchsauswertung ist ein numerisches Verfahren unter Benutzung eines digitalen Rechenautomaten verwendet worden[1]).

3.2. *Anwendung der Fourier-Analyse und Auswertung der Drehmomentkurven*

Das Meßergebnis — der Drehmomentverlauf in Abhängigkeit von der Zeit bzw. dem Drehwinkel der Hauptwelle — liegt in Form eines Meßschriebes (Oszillogramm) vor. Da der Arbeitsablauf der Nähmaschine periodisch ist, stellt der aufgenommene Meßschrieb eine periodische Funktion dar [6]. Die in Abschnitt 3.1 angegebenen allgemeinen Zusammenhänge gelten auch für die vorliegenden Funktionen. Die beim Registrieren mehrerer Perioden beobachteten subharmonischen Schwankungen mit den Perioden größer als T werden infolge der relativ kleinen Amplituden als statistische Streuungen aufgefaßt und durch Mittelwertbildung über mehrere Messungen eliminiert.

Die zu untersuchenden oszillographischen Funktionen $m(t)$ (Bild 3) sind periodische Verläufe

$$m(t) = m(t + \mu T) \qquad (\mu = \pm 1, \pm 2, \pm 3, \ldots) \quad (8)$$

(t = Zeit, m = Drehmoment, T = Periode oder Periodendauer).

[1]) Oft verfügen Rechenstationen über allgemeine Standardprogramme zum Bestimmen der Koeffizienten, d. h. zur Berechnung der *Fourier*-Analyse, oder es kann eine der veröffentlichten Algol-Prozeduren [15] benutzt werden.

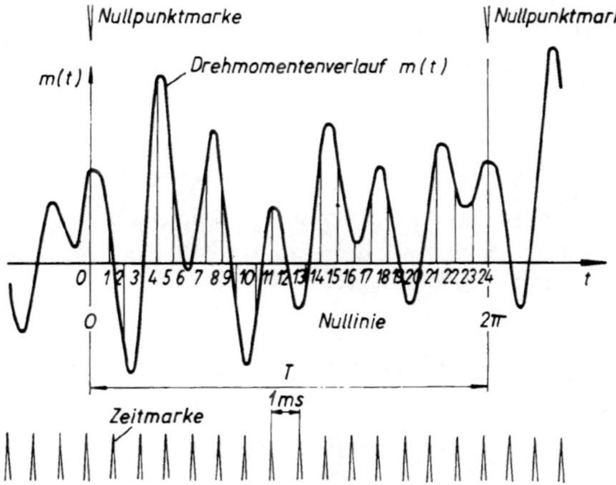

Bild 3
Verlauf und Einteilung der periodischen Funktion $m(t)$

Mit Hilfe der Beziehung

$$n = \frac{\Delta\varphi}{\Delta t} = \text{konst.} \tag{9}$$

(n = Winkelgeschwindigkeit bzw. Drehzahl der Hauptwelle, $\Delta\varphi$ = Drehwinkeldifferenz, Δt = Zeitdifferenz) kann (8) auch in Abhängigkeit von dem Drehwinkel φ wie folgt angegeben werden:

$$m(\varphi) = m(\varphi) + \mu\Phi) \qquad (\mu = \pm 1, \pm 2, \pm 3, \ldots). \tag{10}$$

Die Periode Φ entspricht einer Umdrehung der Nähmaschinenhauptwelle. Für die weitere Untersuchung wird jedoch die Darstellung als zeitabhängige Funktion (8) bevorzugt.

Wie bereits in der allgemeinen Form (1) und (2) angegeben, können willkürliche periodische Funktionen wenigstens näherungsweise als endliche Summen sinusförmiger Schwingungen aufgefaßt werden. Auf der Grundlage dieser Beziehungen wird für die vorliegenden Drehmomentverläufe folgende funktionelle Darstellung gewählt:

$$m(t) = \frac{M_0}{2} + M_{C1}\cos\frac{2\pi}{T}t + M_{C2}\cos 2\frac{2\pi}{T}t + \ldots$$
$$+ M_{Cn}\cos n\frac{2\pi}{T}t + M_{S1}\sin\frac{2\pi}{T}t +$$
$$+ M_{S2}\sin 2\frac{2\pi}{T} + \ldots + M_{Sn}\sin n\frac{2\pi}{T}t. \tag{11}$$

Wird der Maßstab der Abszisse so gewählt, daß $T = 2\pi$ wird (Bild 3), so ergibt sich beim Zusammenfassen der rechten Seite in (11) die normierte Darstellung

$$m(t) = \frac{M_0}{2} + \sum_{k=1}^{k=n}(M_{Ck}\cos kt + M_{Sk}\cdot\sin kt). \tag{12}$$

Die Kreisfrequenz

$$\omega = \frac{2\pi}{T} \tag{13}$$

wird für den gewählten Maßstab gleich 1, d. h., die Grundschwingung hat die normierte Frequenz

$$f = \frac{\omega}{2\pi} = \frac{1}{2\pi}. \tag{14}$$

Für die Auswertung der Drehmomentverläufe ist es zweckmäßig, nach den Beziehungen (12) und (7) die entsprechende Form abzuleiten:

$$m(t) = \frac{M_0}{2} + M_1\sin(t+\tau_1) + M_2\sin(2t+\tau_2) +$$
$$+ \ldots + M_n\sin(nt+\tau_n) \tag{15}$$
$$= \frac{M_0}{2} + \sum_{k=1}^{k=n} M_k\sin(kt+\tau_k). \tag{16}$$

Hierbei gilt:

$$M_k = \sqrt{M_{Ck}^2 + M_{Sk}^2}, \tag{17}$$

$$\tau_k = \arctan\frac{M_{Ck}}{M_{Sk}}. \tag{18}$$

Die Größe $M_0/2$ stellt den linearen Mittelwert der Funktion $m(t)$ dar und gibt den schwingungsfreien Gleichanteil des Drehmomentes an:

$$M_0 = \frac{2}{T}\int_{t_0}^{t_0+T} m(t)\,dt. \tag{19}$$

Für $T = 2\pi$ und $t_0 = 0$ folgt

$$M_0 = \frac{1}{\pi}\int_0^{2\pi} m(t)\,dt. \tag{20}$$

Ist $m(t)$ der an der Hauptwelle der Nähmaschine gemessene Drehmomentverlauf, so entspricht M_0 dem von der Maschine „verarbeiteten" Drehmoment und ist der „verbrauchten", beispielsweise in Reibungsarbeit umgesetzten, mechanischen Energie proportional.

Die Größen M_k ($k = 1, 2, 3, \ldots, n$) sind Maximalwerte der sinusförmigen Drehmomente mit den Perioden T/k, die in der Meßwelle auftreten. Werden diese Drehmomente dem Mittelwert $M_0/2$ linear überlagert, d. h. zu diesem Wert addiert, so ergibt die Summe über alle berechneten Harmonischen wieder ausreichend genau $m(t)$. Je größer die Schwankungen (die beobachteten Drehmomentspitzen), die in $m(t)$ auftreten, sind, desto größer sind im allgemeinen auch die Werte M_k.

Sinusförmige Drehmomente haben dieselben Eigenschaften wie die Sinusfunktionen selbst. Durch den im Intervall $0 \leqq t \leqq T$ mindestens einmal vorhandenen Vorzeichenwechsel der Funktionswerte treten für jeden einzelnen sinusförmigen Drehmomentverlauf Bereiche mit einem negativen Drehmoment auf. Diese Erscheinung kann folgendermaßen erklärt werden. Die während der positiven Drehmomentwerte in die Maschine geleitete Energie wird dort nicht umgesetzt, sondern nur in Form von potentieller oder kinetischer Energie in Federn, pendelnden Massen und Schwungmassen gespeichert. Im Bereich der negativen Drehmomentwerte geben diese Speicher ihre Energie wieder ab und leiten sie in den außen angeschlossenen Energiespeicher, den Motor.

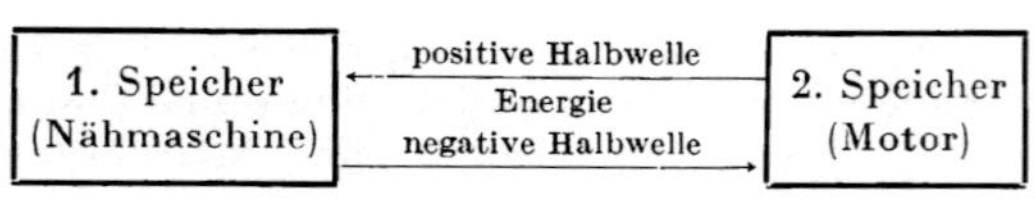

Die vom gesamten Moment $m(t)$ in der Maschine „verbleibende" Energie wird nur durch den verhältnismäßig kleinen Anteil $M_0/2$ dargestellt. Der große Anteil nutzloser pendelnder Energie führt zu einer wesentlich höheren Belastung einzelner Nähmaschinenteile und damit zu einem verstärkten Verschleiß und zu einer Erhöhung der Laufgeräusche. Diese pendelnde Energie ist stark drehzahlabhängig, die Belastungsgrenze der Nähmaschine wird deshalb bald erreicht.

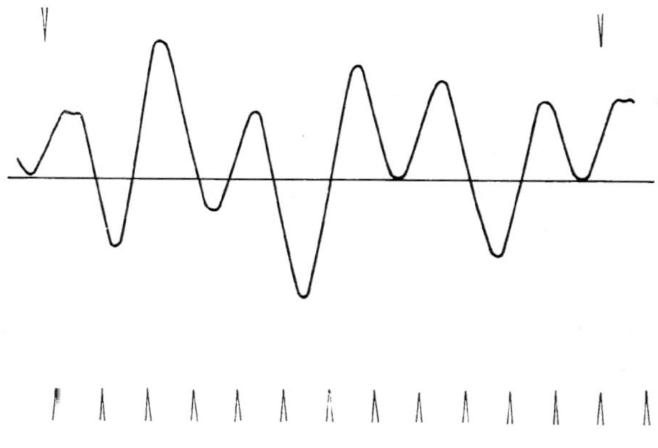

Bild 4. Drehmoment in Abhängigkeit von dem Drehwinkel bei $n = 5000$ U/min, StL = 4 mm, ohne Nähgut

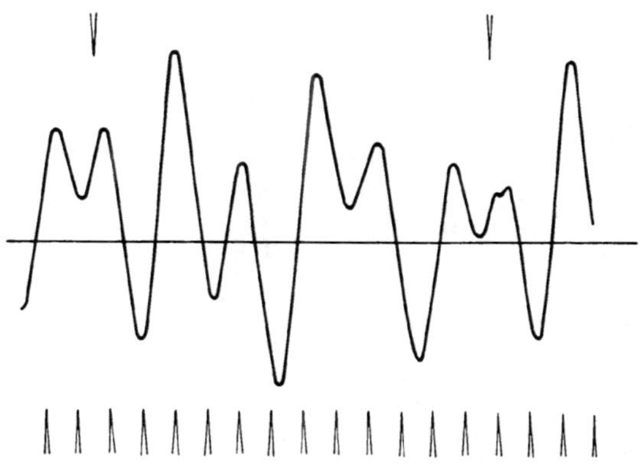

Bild 5. Drehmoment in Abhängigkeit von dem Drehwinkel bei $n = 5000$ U/min, StL = 4 mm, mit Nähgut

Die Werte für M_k in den Beziehungen (16) und (17) ergeben sich nach (5) und (6) zu

$$M_{Ck} = \frac{1}{2\pi} \int_0^{2\pi} m(t) \cos k\,t\,dt, \tag{21}$$

$$M_{Sk} = \frac{1}{2\pi} \int_0^{2\pi} m(t) \sin k\,t\,dt. \tag{22}$$

Die Werte τ_k ($k = 1, 2, 3, \ldots, n$) in (16) und (18) geben die Zeitdifferenzen zwischen den Nulldurchgängen der k-ten Sinusschwingung und einem konstanten Nullpunkt $t = 0$ (Bild 3) an, der wegen des angegebenen Zusammenhanges nach (9) als Festpunkt auf dem Winkelmaß der Hauptwelle fixiert wurde.

Die zahlenmäßige Ermittlung von M_0, M_k, τ_k ($k = 1, 2, 3, \ldots, n$) ist ohne Hilfsmittel mit einem sehr hohen Zeitaufwand verbunden [18]. Sind nur wenige Funktionen von $m(t)$ auszuwerten und ist die Anzahl der interessierenden Amplituden der Oberschwingungen gering, so ist die Anwendung eines harmonischen Analysators nach *Mader-Ott* [22] zweckmäßig. Ist eine größere Anzahl von Funktionen zu analysieren, so ist ein digitaler Rechenautomat zu bevorzugen.

Die ermittelten Werte von M_0, M_k ($k = 1, 2, 3, \ldots, n$) werden für eine übersichtliche Auswertung in Liniendiagrammen dargestellt, die in der Literatur auch als Frequenzspektren bezeichnet werden.

Bei den aufgenommenen Oszillogrammen wird jeweils eine Periode in 24 gleiche Teilabschnitte oder Stützstellen (Bild 3) eingeteilt, und die dazugehörigen Ordinatenwerte werden ermittelt. Die zahlenmäßige Bestimmung von M_0, M_k und τ_k wird mit Hilfe eines digitalen Rechenautomaten durchgeführt, dem die oben angegebenen Koordinatenpaare sowie die Anzahl der benötigten Oberwellen mitgeteilt werden. Ein geeignetes Rechenprogramm liefert in kurzer Zeit die gesuchten Werte.

In Bild 4 und 5 sind die oszillographierten Drehmomentverläufe der untersuchten Nähmaschine einerseits ohne (Bild 4) und andererseits mit Verwendung von Nähgut (Bild 5) als Übersichtsschriebe dargestellt. Die Nähmaschinendrehzahl beträgt 5000 U/min und die Stichlänge (StL) gleich 4 mm. Beide Faktoren sind konstant. Da beiden Kurven unterschiedliche Eichmaßstäbe zugrunde liegen, sind sie in ihren absoluten Werten nicht vergleichbar. In der Tendenz stimmen sie weitgehend überein. Zum besseren Vergleich des Einflusses des Nähgutes auf das Drehmoment dienen die Frequenzspektren in Bild 6 und 7. Allgemein ist zu bemerken, daß die in diesen Frequenzspektren sowie in den folgenden Bildern gewählte Wertedarstellung in Kurvenform mathematisch nicht völlig exakt ist, da ein Interpolieren zwischen den einzelnen Harmonischen

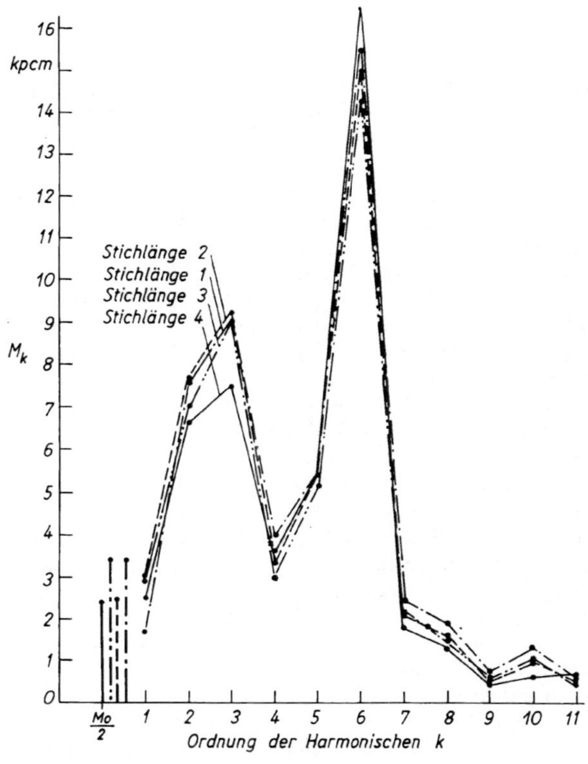

Bild 6. Drehmoment in Abhängigkeit von der Ordnung der Harmonischen bei Stichlänge 1, 2, 3 und 4 mm, $n = 5000$ U/min, ohne Nähgut

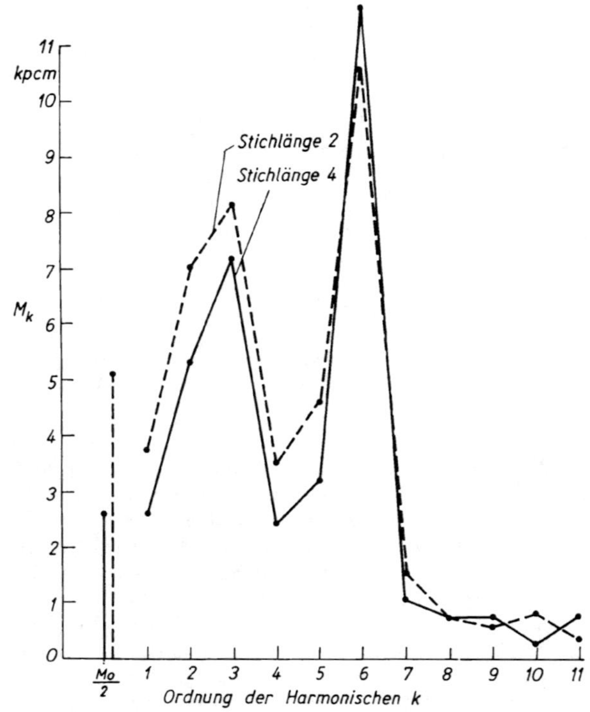

Bild 7. Drehmoment in Abhängigkeit von der Ordnung der Harmonischen bei Stichlänge 2 und 4 mm, $n = 5000$ U/min, mit Nähgut

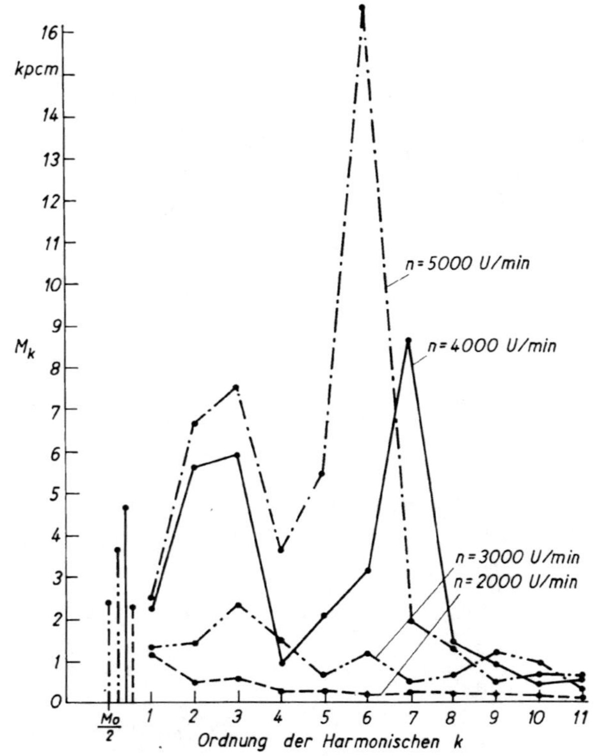

Bild 8. Drehmoment in Abhängigkeit von der Ordnung der Harmonischen bei unterschiedlicher Drehzahl, Stichlänge 4 mm, ohne Nähgut

nicht statthaft ist. Bei exakter zeichnerischer Darstellung sind die Werte in Linien- bzw. Säulenform anzugeben, wie es bei der Darstellungsweise von $M_0/2$ angedeutet wird. Da aber die Diagramme zur besseren Beurteilung mehrere Abhängigkeiten enthalten, ist die gewählte Darstellungsweise durch das Verbinden zusammengehöriger Werte mit Geraden besonders übersichtlich. Aus beiden Frequenzspektren (Bild 6, 7) geht hervor, daß das Nähgut auf die Kurventendenz keinen Einfluß hat. In den absoluten Werten sind jedoch Unterschiede zu verzeichnen. Während die schwingungsfreien Gleichanteile $M_0/2$ (lineare Mittelwerte) in den Versuchen mit Nähgut bei den untersuchten Drehzahlbereichen größer sind als bei denen ohne Nähgut, tritt für die einzelnen Harmonischen der umgekehrte Fall ein, d. h., die Oberwellen werden bei Verwendung von Nähgut gedämpft. Dieser Umstand bedeutet, daß die einen oder anderen Elemente der Nähmaschine beim Nähprozeß weniger beansprucht werden als beim Laufenlassen der Nähmaschine ohne Nähgut und Nähfaden. Nach den Kurvenzügen in Bild 6 ist ohne Verwendung von Nähgut kein Einfluß der Stichlänge auf das Drehmoment zu verzeichnen. Wird Nähgut verwendet (Bild 7), dann ist nur ein sehr geringer Unterschied bis zur 5. Harmonischen zu beobachten. Diese geringfügige Abweichung kann vernachlässigt werden, so daß das Drehmoment durch die Stichlänge nicht merklich beeinflußt wird. Eine wesentlich bedeutendere Einflußgröße auf das Drehmoment stellt die Drehzahl dar. Aus den Frequenzspektren in Bild 8 und 9 geht die

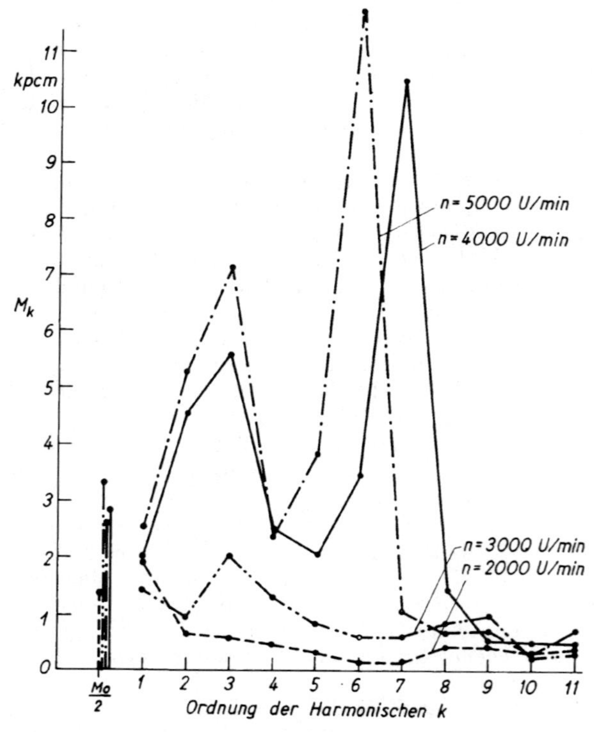

Bild 9. Drehmoment in Abhängigkeit von der Ordnung der Harmonischen bei unterschiedlicher Drehzahl, Stichlänge 4 mm, mit Nähgut

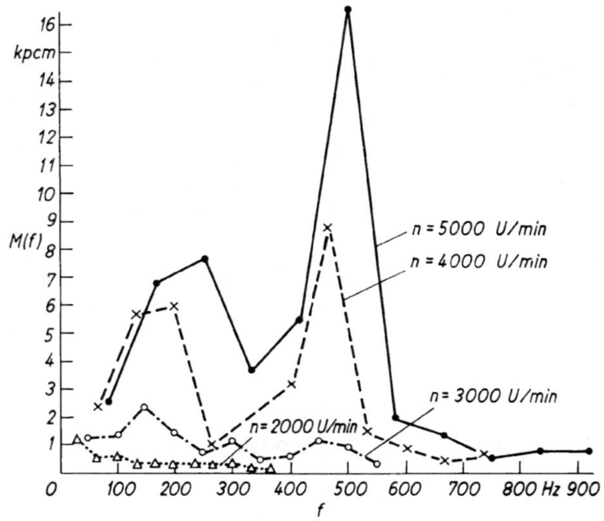

Bild 10. Drehmoment in Abhängigkeit von der absoluten Frequenz bei unterschiedlicher Drehzahl, Stichlänge 4 mm, ohne Nähgut

Abhängigkeit des Drehmomentes von der Drehzahl der Nähmaschine eindeutig hervor. Mit größer werdender Drehzahl steigen die Amplituden der meisten Oberwellen stark an. Bei einer weiteren Drehzahl- und Leistungserhöhung der Nähmaschine ist dieser Einfluß unbedingt zu berücksichtigen. Werden die Frequenzspektren in den Bildern 6, 7, 8 und 9 miteinander verglichen, so ist auffallend, daß die größten Amplitudenwerte an den gleichen Stellen zu finden sind, und zwar in der Regel bei der 3. und 6. Oberwelle. Es liegt hier die Vermutung nahe, daß bei diesen Harmonischen Resonanzerscheinungen auftreten. In der Nähmaschine können mechanische Schwingungselemente vorhanden sein, deren Eigenfrequenz mit der erregenden Grundfrequenz (entspricht der Drehzahl) oder einer Oberwelle näherungsweise übereinstimmt. Zur Verdeutlichung dieser Erscheinung sind in Bild 10 und 11 die Werte für $M_0/2$, M_k $(k = 1, 2, 3, \ldots, n)$ über der absoluten Frequenz aufgetragen. Die großen Werte in den beiden Bildern (ohne und mit Nähgut) bei einer Frequenz von etwa 250 Hz und 500 Hz lassen — zumindest in dem

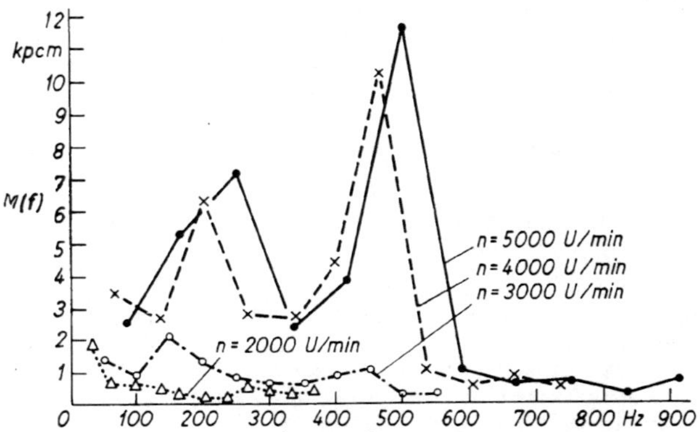

Bild 11. Drehmoment in Abhängigkeit von der absoluten Frequenz bei unterschiedlicher Drehzahl, Stichlänge 4 mm, mit Nähgut

höheren Frequenzbereich — vermuten, daß es sich hierbei um Resonanzstellen handelt. Diese Schwingungselemente müssen bei einer weiteren Verbesserung der Nähmaschine gesucht und konstruktiv so verändert werden, daß über- bzw. unterkritische Resonanzstellen entstehen. Neben Resonanzerscheinungen können auch noch andere Ursachen zu den hohen Oberwellenamplituden führen.

4. *Zusammenfassung*

Drehmomentuntersuchungen an hochtourigen Industrie-Nähmaschinen sind für die konstruktive Weiterentwicklung sowie für eine Leistungssteigerung von großer Bedeutung. Die für die Drehmomentbestimmung gewählte Meßmethode und der Versuchsaufbau werden erläutert. Da es sich bei den aufgenommenen Drehmomentverläufen um periodische Funktionen handelt, werden diese mit Hilfe der *Fourier*-Analyse ausgewertet. Die theoretischen Grundlagen der gewählten Auswertemethode werden eingehend behandelt. Zum Bestimmen der *Fourier*-Koeffizienten wird ein digitaler Rechenautomat eingesetzt. Aus der Literatur sind bisher noch keine Drehmomentuntersuchungen an Industrie-Nähmaschinen und vor allem keine geeigneten Auswerteverfahren für derartige Untersuchungen bekannt geworden. Anhand einiger Versuchsergebnisse werden verschiedene Einflußfaktoren auf das Drehmoment untersucht. Neben dem Nähgut hat vor allem die Drehzahl einen merklichen Einfluß auf den Drehmomentverlauf. Der Einfluß der Stichlänge auf das Drehmoment kann vernachlässigt werden. Mit der vorliegenden Arbeit sollen vorerst die Möglichkeiten der Drehmomentmessung bei hochtourigen Nähmaschinen und der Auswertung der Versuchsergebnisse überprüft und orientierende Angaben über die Größenordnung des Drehmomentes bei Industrie-Doppelsteppstich-Schnellnähmaschinen gemacht werden.

5. *Literatur*

[1] *Göbel, E. F.*: Bewegungsvorgänge und Massenkräfte in den Triebwerken von Nähmaschinen. Feinwerktechnik **62** (1958) 4, S. 117—124.

[2] *Heimann, K.*: Die Gemeinschaftsforschung — eine Rationalisierungsmöglichkeit in der Bekleidungsindustrie. Bekleid. u. Wäsche **20** (1968) 14, S. 925—928.

[3] *Kautsch, R.*: Elektrisches Messen und Registrieren von Drehmomenten mit Dehnungsmeßstreifen. Messen Steuern Regeln **3** (1960) 7, S. 292—296.

[4] *Reichardt, W.*, *Hirsch, J.-P.*, und *Wiesenhütter, H.*: Elektrotechnische Grundlagen zum Praktikum Elektromechanische Meßtechnik für Maschinenbauer und Technologen. 2. Lehrbrief, II. Ausg. Berlin: Verlag Technik 1965.

[5] *Nier, M.*: Elektromechanische Meßtechnik, Elektrische Messung mechanischer Größen. 4. Lehrbrief, II. Ausg. Berlin: Verlag Technik 1965.

[6] *Holzweißig, F.*: Einführung in die Messung mechanischer Größen. Leipzig: Fachbuchverlag 1963.

[7] *Dittrich, O.*: Drehmomentmessung mit Dehnungsmeßstreifen. Elektronik **6** (1957) 2/3, S. 37—40.

[8] *Gohlke, W.*: Mechanisch-elektrische Meßtechnik. München: Carl Hauser 1955.

[9] *Kautsch, R.*: Elektrische Meßtechnik zur Messung nichtelektrischer Größen. Berlin: Verlag Technik 1967.

[10] *Heinrich, W.*: Erfahrungen mit Schleifringübertragern in der Maschinenmeßtechnik. Maschinenbautechnik **14** (1965) 4, S. 177—181.

[11] *Frenkel, G.*: Meßtechnische Untersuchungen an Nähmaschinen. Großer Beleg, angefertigt an der TU Dresden 1966.

[12] *Fink, K.*, und *Rohrbach, C.*: Handbuch der Spannungs- und Dehnungsmessung. Düsseldorf: VDI-Verlag 1958.

[13] *Nestler, R.*, und *Brichtswein, R.*: Fadenzugkraftuntersuchungen an Industrie-Nähmaschinen. Bekleidung u. Maschenware **5** (1966) 2, S. 3—7, 38—43.

[14] *Nestler, R., Deckert, M.*, und *Barthel, W.*: Untersuchungen über das Fadenzugkraftverhalten an Doppelsteppstich-Industrie-Nähmaschinen. Bekleidung u. Maschenware **6** (1967) 2, S. 83–87; 3, S. 105–106.
[15] *Zurmühl, R.*: Praktische Mathematik für Ingenieure und Physiker. 5. Aufl. Berlin/Göttingen/Heidelberg: Springer 1965.
[16] *Kammerloher, J.*: Elektrotechnik des Funktechnikers. Bd. 2, 4. Aufl. Berlin: Verlag Technik 1961.
[17] Dubbels Taschenbuch für den Maschinenbau. Bd. 1, 12. Aufl. Berlin/Göttingen/Heidelberg: Springer 1963.
[18] Kleine Enzyklopädie Mathematik. Leipzig: Bibliographisches Institut 1965.
[19] *Hußmann, A.*: Rechnerische Verfahren zur harmonischen Analyse und Synthese mit Schablonen für eine Rechnung mit 12, 24, 36 oder 72 Ordinaten. Berlin/Göttingen/Heidelberg: Springer 1938.
[20] *Meyer zur Capellen, W.*: Mathematische Instrumente. 3. Aufl. Leipzig: Akad. Verlagsges. 1949.
[21] *Willers, Fr. A.*: Methoden der praktischen Analysis. 3. Aufl. Berlin: de Gruyter 1957.
[22] *Ott, A.*: Der harmonische Analysator MADER-OTT. Druckschrift Ad 341 des Math.-mech. Institutes A. Ott, Kempten/Allgäu: 1931.

Eingegangen am 2. Januar 1969

Dynamische Zugprüfung von Fäden

XII. Zuordnung der in der Literatur gefundenen Modul-Begriffe zur Systematik der Tangenten- und Sekantenmoduli[1])

Albrecht Bauer und Friedrich Winkler

Deutsche Akademie der Wissenschaften zu Berlin, Institut für Faserstoff-Forschung in Teltow-Seehof

DK 677.1/.5:677.017.428:539.319:513.612.2

Die in der Literatur gefundenen Moduli, die die verschiedensten Begriffe tragen, wurden systematisch als Tangenten- oder Sekantenmodul sowie Amplitudenmodul eingeordnet. Es konnte dabei festgestellt werden, daß verschiedene in der Literatur mit Modul bezeichnete Kenngrößen keine Moduli sind.

Испытание нитей на растяжение в динамических условиях
XII. Отнесение имеющихся в литературе терминов для модуля к систематике тангенциальных и секантных модулей

Проведено систематическое отнесение описанных в литературе под самыми различными терминами модулей к тангенциальному, секантному или амплитудному модулям. При этом установлено, что некоторые показатели, обозначаемые в литературе как модуль, в действительности не являются таковыми.

Dynamic Tensile Testing of Filaments.
XII. Assignement of Various Moduli Described in the Litature to the Concept of Tangent and Secant Moduli

The moduli found in the literature and denoted by different terms are assigned systematically to the tangent, secant and amplitude moduli proposed previously. Several of the quantities described as moduli in the literature proved to be no true moduli.

1. Einleitung

Bei den Textilien läßt sich, da sie visko-elastische Eigenschaften besitzen, ein Elastizitätsmodul im strengen Sinne nicht ermitteln. Dies bedeutet, daß der Begriff „Elastizitätsmodul" für Textilien nicht zutreffend ist, und so suchten viele Autoren nach neuen Ausdrücken oder versuchten, wie *H. Köb* [88], eine Klarstellung der Begriffe zu schaffen.

In den Teilen X und XI dieser Arbeit [177, 22] haben wir eine eindeutige Definition der Begriffe „Sekantenmodul" und „Tangentenmodul" gegeben, und es sollen nun die in der Literatur gefundenen Begriffe unseren eindeutig definierten „Tangentenmodul" und „Sekantenmodul" zugeordnet werden.

In Bild 1 sind die Neigungen der Kraft-Längenänderungs-Kurven für die Errechnung sämtlicher möglicher Tangenten- und Sekantenmoduli aufgezeichnet, wobei die Zuordnung der Spannung (Nenn- oder Wirk-) und der Dehnung (Nenn- oder Wirk-) unberücksichtigt blieb.

2. Zuordnung zum Tangentenmodul

2.1. Tangentenmoduli M_T

Wie schon aus Teil XI dieser Arbeit [22] hervorging, ist die Ermittlung des Tangentenmoduls mit Schwierigkeiten verbunden bzw. etwas umständlich, denn es muß die erste Ableitung der Spannungs-Dehnungs-Kurve entweder graphisch oder elektronisch gebildet werden. Aus diesem Grund und weil der Wert des Tangentenmoduls sich von Punkt zu Punkt der Spannungs-Dehnungs-Kurve ändert, ist der Tangentenmodul in der Literatur nicht sehr häufig zu finden.

E. Schenkel [136] meint in diesem Zusammenhang zum Elastizitätsmodul der Faserstoffe: „Man spricht zwar auch bei den Faserstoffen von einem E-Modul und meint damit das Verhältnis $\Delta\sigma:\Delta\varepsilon$, also die Steigung der Tangente an einen beliebigen Punkt der KD-Linie, und ist sich dabei eingedenk, daß dieser Modul je nach dem betrachteten Punkt im KD-Diagramm entsprechend der herrschenden Spannung variabel ist."

2.1.1. Nennspannungs-Nenndehnungs-Tangentenmodul M_{NNT}

E. Valko [154] gibt einen „Elastizitätsmodul" an, der dem Nennspannungs-Nenndehnungs-Tangentenmodul M_{NNT} entspricht. *F. Andersen* [5] bezeichnet den Nennspannungs-Nenndehnungs-Tangentenmodul M_{NNT} mit „modulus of elasticity" (Elastizitätsmodul) oder „stiffness" (Steifheit). Bei *K. Hesselbarth* [66] entspricht der als Kennwert für Gesteine angegebene „Elastizitätsmodul nach *Dreyer*" einem Nennspannungs-Nenndehnungs-Tangentenmodul M_{NNT}. Die Bezeichnung „tangent modulus" (Tangentenmodul) für den Nennspannungs-Nenndehnungs-Tangentenmodul M_{NNT} wird in den ASTM-Vorschriften [6, 7, 8, 10, 16, 17, 18] und von

[1]) XI s. [22].

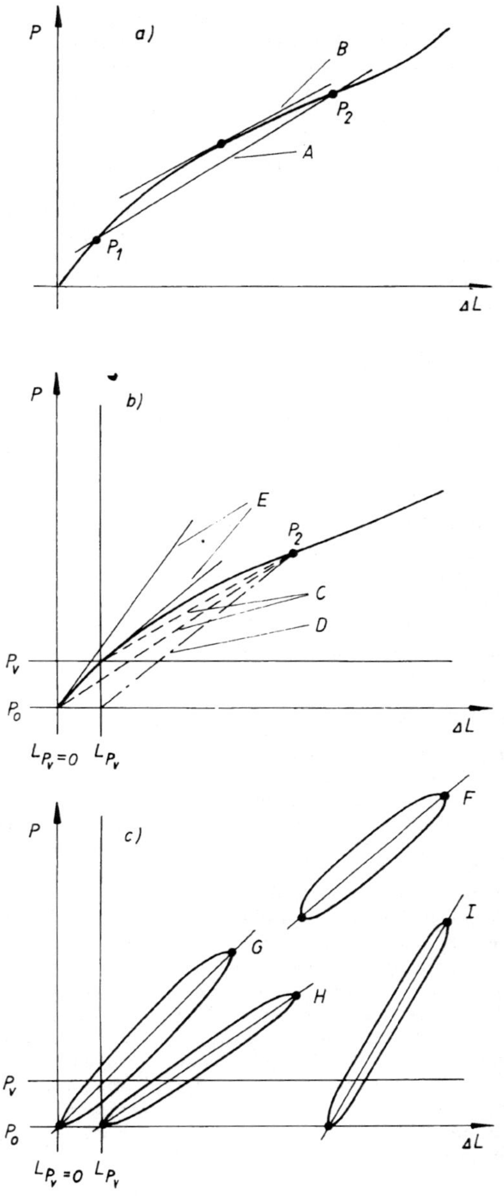

Bild 1. Lage der für die verschiedenen Sekanten- und Tangentenmoduli erforderlichen Neigungen der Kraft-Längenänderungs-Kurve

a) Neigung für den
   A Sekantenmodul
   B Tangentenmodul

b) Neigung für den
   C Anfangs-Sekantenmodul
   D theoretischen Anfangs-Sekantenmodul
   E Anfangs-Tangentenmodul

c) Neigung für den
   F Amplitudenmodul
   G Anfangs-Amplitudenmodul
   H Sonder-Amplitudenmodul
   I Grenz-Amplitudenmodul

J. Marin [97] verwendet. Die von *W. Herzog* [63, 64] angegebene „Zugsteigung" und „Endzugsteigung" entsprechen auch dem Nennspannungs-Nenndehnungs-Tangentenmodul M_{NNT}.

Der „textile modulus" (textile Modul) in den ASTM-Vorschriften [7, 10] ist ein Nennspannungs-Nenndehnungs-Tangentenmodul M_{NNT} für den linearen Bereich der Spannungs-Dehnungs-Kurve bei der beginnenden Substanzdehnung von Kräuselgarnen. Der „cord modulus" (Cordmodul) nach der ASTM-Vorschrift [13] ist seiner Berechnung nach eindeutig ein Nennspannungs-Nenndehnungs-Tangentenmodul M_{NNT}.

W. Wegener u. Mitarb. [166, 167, 168, 172, 173, 175] sowie *G. Egbers* [64] verwenden den von *H. Kägi* [79] früher eingeführten Begriff des „momentanen Elastizitätsmoduls". Sie verstehen darunter die erste Ableitung der Spannungs-Dehnungs-Kurve und errechnen die Werte mit Hilfe einer elektronischen Rechenanlage aus dem Differenzenquotienten $\Delta\sigma/\Delta\varepsilon$, der, da der Wert $\Delta\varepsilon$ sehr klein gewählt wird, näherungsweise gleich dem Differentialquotienten

$$\lim_{\Delta\varepsilon \to 0} \cdot \frac{\Delta\sigma}{\Delta\varepsilon} = \frac{d\sigma}{d\varepsilon}$$

gesetzt werden kann. Der errechnete Wert entspricht unserer Definition nach einem Nennspannungs-Nenndehnungs-Tangentenmodul M_{NNT}.

E. Gaube und *G. Menges* [51] führen einen „Tangentenmodul" an, über dessen Berechnung keine Aussage gemacht wird, der aber einem Nennspannungs-Nenndehnungs-Tangentenmodul M_{NNT} zu entsprechen scheint.

Bei der Untersuchung von plastomer-gebundenen Explosivstoffen werden von *K. G. Hoge* [71] ein „tangent modulus at 1% strain" (Tangentenmodul bei 1% Dehnung) sowie ein „tangent modulus at 2% strain" (Tangentenmodul bei 2% Dehnung) angegeben, die als Nennspannungs-Nenndehnungs-Tangentenmodul M_{NNT} definiert sind.

2.1.2. Wirkspannungs-Nenndehnungs-Tangentenmodul M_{WNT}

In der TGL-Vorschrift 0-53510 ist von einem „differentiellen Elastizitätsmodul E'" die Rede, der ein Wirkspannungs-Nenndehnungs-Tangentenmodul M_{WNT} ist.

2.1.3. Nennspannungs-Wirkdehnungs-Tangentenmodul M_{NWT}

Zu diesem Modul ist in der Literatur von uns kein Beispiel gefunden worden.

2.1.4. Wirkspannungs-Wirkdehnungs-Tangentenmodul M_{WWT}

Zu diesem Modul ist in der Literatur von uns kein Beispiel gefunden worden.

2.2. Anfangs-Tangentenmodul M_{AT}

Der Anfangs-Tangentenmodul ist in der Literatur sehr oft zu finden, wobei, wie aus dem Abschnitt 3.2 „Anfangs-Sekantenmodul" hervorgeht, in vielen Fällen keine eindeutige Unterscheidung zwischen Anfangs-Tangentenmodul und Anfangs-Sekantenmodul vorgenommen werden kann.

2.2.1. Nennspannungs-Nenndehnungs-Anfangs-Tangentenmodul M_{NNAT}

Als Materialkenngröße wird der Nennspannungs-Nenndehnungs-Anfangs-Tangentenmodul M_{NNAT} sehr oft verwendet, dabei sollen hier aber nur die Moduli von insbesondere nicht biegesteifen Materialien, bei denen der Ursprung der Spannungs-Dehnungs-Kurve nicht im Nullpunkt der Spannung und der Dehnung beginnt, eingeordnet werden. Der Nennspannungs-Nenndehnungs-Anfangs-Tangentenmodul M_{NNAT} wird unter anderen von *J. B. Maginnis* [96], *G. Susich* und *E. T. Vadala* [145], *W. Kast, W. Meskat, O. Rosenberg* und *A. K. van der Vegt* [82], *W. E. Morton* und *J. W. S. Hearle* [114], *J. Marin* [97], *H. M. Elder* [48], *P. Grosberg* und *S. Kedia* [58], *H. Berg* [23], *W. Herzog* [63, 64, 65], *K. A. F. Schmidt* [137], *P. V. Papero, E. Kubu* und *L. Roldan* [124], *L. Morbitzer, G. Hentze* und *R. Bonart* [113], *H. Mark* [99, 101] sowie *K. H. Hellwege* und *H. Wurtinger* [61] verwendet, wobei aber auch wiederum die verschiedensten Begriffe benutzt werden wie z. B. „Young's modulus" (Young-Modul) [96, 114], „initial modulus" (Anfangsmodul) [48, 63, 64, 114, 124, 145], „statischer Anfangselastizitätsmodul" [82], „Tangentenmodul" [117], „initial tangent modulus" (Anfangs-Tangentenmodul) [97], „initial load extension modulus" (Anfangs-Kraft-Längenänderungs-Modul) [58], „initial Young's modulus" (Anfangs-Young-Modul) [58], „Anfangsmodul" [23, 63, 64, 99, 101], „Anfangszugsteifheit" [63, 64, 65], „Anfangszugsteigung" [63, 64], „Elastizitätsmodul" [113, 137], „modulus" (Modul) [124], „Steifheitsmodul" [101], „Modul" [101], „E-Modul" [61]. In den ASTM-Vorschriften wird der Nennspannungs-Nenndehnungs-Anfangs-Tangentenmodul M_{NNAT} als „elastic modulus" (elastischer Modul) [11, 12], „initial modulus" (Anfangsmodul) [7, 10, 14], „modulus of elasticity" (Elastizitätsmodul) [8, 11, 16], „Young's modulus" (Young-Modul) [7, 8, 11, 16] oder „initial tangent modulus" (Anfangs-Tangentenmodul) [6, 8, 16, 17, 18] bezeichnet.

2.2.2. Wirkspannungs-Nenndehnungs-Anfangs-Tangentenmodul M_{WNAT}

Zu diesem Modul ist in der Literatur von uns kein Beispiel gefunden worden.

2.2.3. Nennspannungs-Wirkdehnungs-Anfangs-Tangentenmodul M_{NWAT}

Zu diesem Modul ist in der Literatur von uns kein Beispiel gefunden worden.

2.2.4. Wirkspannungs-Wirkdehnungs-Anfangs-Tangentenmodul M_{WWAT}

Zu diesem Modul ist in der Literatur von uns kein Beispiel gefunden worden.

2.2.5. Null-Anfangs-Tangentenmodul M_{0AT}

Dieser Modul ist vorwiegend bei Materialien ermittelt worden, die biegesteif sind, bei denen also die Spannungs-Dehnungs-Kurve im Nullpunkt von Spannung und Dehnung beginnt.

R. L. Kondner [89] gibt in seiner Arbeit über die Untersuchungen von Ton einen „initial tangent modulus" (Anfangs-Tangentenmodul) an, der der Definition nach ein Null-Anfangs-Tangentenmodul M_{0AT} ist.

Auch die in den verschiedenen Prüfvorschriften für Metalle, Gummi und Kunststoffe [15, 28, 29, 36, 37, 39, 40, 41, 54, 78, 149, 150, 153] sowie die von den Autoren *H. A. Stuart* [144], *K. Hesselbarth* [67], *R. Bonart* [24], *R. Taprogge* [148], *E. Gaube* [50], *A. Puck* [131], *G. Menges* [105] angegebenen Moduli mit den Bezeichnungen „apparent tensile modulus of elasticity" (scheinbarer Dehnungs-Elastizitätsmodul) [15], „modulus of elasticity" (Elastizitätsmodul) [28], „elastic modulus" (elastischer Modul) [28], „Young's modulus of (elasticity" (Young-Elastizitätsmodul) [28, 29], „modul pružnosti" (Elastizitätsmodul) [36], „modul pružnosti v tahu (nebo v tlaku) — Younguv modul" (Elastizitätsmodul bei Zug (oder bei Druck) — Young-Modul) [36], „Elastizitätsmodul" [37, 39, 40, 41, 149, 150], „модуль упругости" (Elastizitätsmodul) [54], „module d'élasticité" (Elastizitätsmodul) [78], „modulo di elasticità normale" (Elastizitätsmodul) [153], „modulo di Young" (Young-Modul) [153], „Zugmodul" [144], „Anfangsmodul" [66], „Anfangs-Elastizitätsmodul" [24], „Elastizitätsmodul E_0" [148], „Ursprungsmodul" [105, 148], „Tangentenmodul" [50, 105, 131] sind Null-Anfangs-Tangentenmoduli M_{0AT}.

3. Zuordnungen zum Sekantenmodul

3.1. Sekantenmodul M_s

3.1.1. Nennspannungs-Nenndehnungs-Sekantenmodul M_{NNS}

Da bei der statischen Zugprüfung ein mit Hilfe der beiden, irgendwo auf der Spannungs-Dehnungs-Kurve (nur nicht im Nullpunkt) liegenden Punkte P_1 und P_2 ermittelter Sekantenmodul nur bei Sonderuntersuchungen von Interesse sein kann, ist er in der Literatur nur sehr selten zu finden. *H. Kägi* [79] führt einen „durchschnittlichen momentanen Elastizitätsmodul E_m" an, der nach unserer Definition ein Nennspannungs-Nenndehnungs-Sekantenmodul M_{NNS} ist. Dieser Nennspannungs-Nenndehnungs-Sekantenmodul M_{NNS} wird in den ASTM-Vorschriften als „secant modulus" (Sekantenmodul) [7,10, 11, 12, 14] oder „chord modulus" (Sehnenmodul) [6, 8, 16, 17, 18] bezeichnet. *W. Herzog* [63, 64] gibt eine „mittlere Zugsteigung" an, die dem Nennspannungs-Nenndehnungs-Sekantenmodul M_{NNS} entspricht.

Bei der Untersuchung von Kunststoffen ermittelten *G. Schreyer* und *P. Bauer* [138] einen „Elastizitätsmodul E", der ein Nennspannungs-Nenndehnungs-Sekantenmodul M_{NNS} zwischen 0,1% und 0,5% Dehnung ist.

3.1.2. Wirkspannungs-Nenndehnungs-Sekantenmodul M_{WNS}

Zu diesem Modul ist in der Literatur von uns kein Beispiel gefunden worden.

3.1.3. Nennspannungs-Wirkdehnungs-Sekantenmodul M_{NWS}

Zu diesem Modul ist in der Literatur von uns kein Beispiel gefunden worden.

3.1.4. Wirkspannungs-Wirkdehnungs-Sekantenmodul M_{WWS}

Zu diesem Modul ist in der Literatur von uns kein Beispiel gefunden worden.

3.2. Anfangs-Sekantenmoduli M_{AS} und $M_{AS\,th}$

Am häufigsten ist in der Literatur der Anfangs-Sekantenmodul zu finden, wobei aber die verschiedensten Ausdrücke verwendet wurden. Es muß hier vorausgeschickt werden, daß in der Literatur keine eindeutige Trennung zwischen dem Anfangs-Sekantenmodul und dem theoretischen Anfangs-Sekantenmodul besteht und aus den Angaben in den meisten hier aufgeführten Fällen nicht entschieden werden kann, welcher Anfangs-Sekantenmodul gemeint ist. Man kann aber bei der Prüfung von Textilien mit sehr großer Wahrscheinlichkeit annehmen, daß bei der Berechnung aus den von dem Zugprüfgerät abgelesenen Prüfwerten der theoretische Anfangs-Sekantenmodul errechnet wurde, während bei der Ermittlung aus dem Spannungs-Dehnungs-Diagramm der Anfangs-Sekantenmodul ermittelt wurde. Da in fast allen Arbeiten bisher keine eindeutige Trennung zwischen Nennspannung und Wirkspannung sowie Nenndehnung und Wirkdehnung vorgenommen worden ist, ist bisher in den meisten Fällen von einem

Nennspannungs-Nenndehnungs-Modul

die Rede, obwohl dieser Begriff nicht auftaucht.

Für die Berechnung des Anfangs-Sekantenmoduls werden in der Literatur verschiedene Punkte P_2 der Spannungs-Dehnungs-Kurve herangezogen, wie z. B. die Proportionalitätsgrenze, 1%, 2% oder 5% Dehnung und zugehörige Spannung, 0,5 kp Belastung und zugehörige Dehnung sowie Reißspannung und Reißdehnung.

3.2.1. Nennspannungs-Nenndehnungs-Anfangs-Sekantenmodul M_{NNAS}

Bei Verwendung eines Punktes P_2 auf der Spannungs-Dehnungs-Kurve im Proportionalitätsbereich wird ein Nennspannungs-Nenndehnungs-Anfangs-Sekantenmodul M_{NNAS} ermittelt, der mit „Young's modulus" (Young-Modul) [7, 8, 10, 11, 16], „modulus of elasticity" (Elastizitätsmodul) [8, 11, 16] sowie „elastic modulus" (elastischer Modul) [11] bezeichnet wird.

T. Alfrey [3] ermittelte bei Hochpolymeren für kleine Dehnungen, über deren Größe keine Angaben gemacht sind, im fast linearen Bereich einen „modulus of elasticy" (Elastizitätsmodul) bzw. „Young's modulus" (Young-Modul), der unserer Definition nach ein Nennspannungs-Nenndehnungs-Anfangs-Sekantenmodul M_{NNAS} ist. *E. C. Dogliotti* und *E. E. Yelland* [44] errechneten einen „initial modulus" (Anfangsmodul) aus der Neigung bzw. Sekante an die Spannungs-Dehnungs-Kurve der verschiedenen Fäden bei sehr geringer Dehnung. Es ist ein Nennspannungs-Nenndehnungs-Anfangs-Sekantenmodul M_{NNAS}. Einen Nennspannungs-Nenndehnungs-Anfangs-Sekantenmodul M_{NNAS} für Kunststoffe bei Verwendung sehr kleiner Dehnungen bzw. Belastungen ermittelten *A. Jaksch* [75] als „*E*-Modul" und *W. Retting* [132] als „Zug-Modul" bzw. „Tangenten-Modul *E*".

G. Menges [105] ermittelte für Kunststoff-Formteile einen „Kriechmodul", der dem Nennspannungs-Nenndehnungs-Anfangs-Sekantenmodul M_{NNAS} entspricht, indem er nach bestimmten Zeiten bei 1% Verformung die Spannung mißt. In einer anderen Arbeit wird von *E. Gaube* und *G. Menges* [51] ein „Kriechmodul" bzw. „Sekantenmodul" verwendet, über dessen Berechnung keine Angaben gemacht sind, der aber einem Nennspannungs-Nenndehnungs-Anfangs-Sekantenmodul M_{NNAS} zu entsprechen scheint.

Von *E. Gaube* [50] wird für Kunststoffe ein „Kriechmodul E_K" ermittelt. Es ist ein Nennspannungs-Nenndehnungs-Anfangs-Sekantenmodul M_{NNAS}, wobei bei vorgegebener Spannung die Dehnung zu bestimmten Zeiten gemessen wird. Dieselbe Ermittlungsmethode verwendeten *G. Krosche* und *G. Trentsch* [90] für ihren „Elastizitätsmodul". Nach DIN 7708 [38] ist der „Deformationsmodul" für Kunststoffe ein Nennspannungs-Nenndehnungs-Anfangs-Sekantenmodul M_{NNAS}. Er wird bezogen auf eine Belastungsdauer von 4 h für eine Spannung von etwa 0,25 des Kleinstwertes der Zugfestigkeit bei 20 °C.

Der nach DIN 53444 [42] ermittelte „Kriechmodul" sowie der „Entspannungsmodul" bzw. „Relaxationsmodul" sind zeitabhängige Moduli, die ihrer Ermittlung nach dem Nennspannungs-Nenndehnungs-Anfangs-Sekantenmodul M_{NNAS} entsprechen.

Bei den Autoren *F. Andersen* [4, 5], *W. Kuhn* und *O. Künzle* [91], *W. Sommer* [141], *K. Hesselbarth* [66], *R. Yamada, C. Hayashi, S. Onogi* und *M. Horio* [179], *R. S. Govil* [56], *J. Marin* [97], *W. Herzog* [63, 64], *K. G. Hoge* [71], *R. Taprogge* [147], sowie namenlosen Arbeiten [117, 118, 119] und in den verschiedensten Prüfvorschriften [6, 7, 8, 16, 17, 18, 53, 55] ist keine Angabe über die Größe der Dehnung oder Spannung gemacht worden. Die ermittelten Moduli sind Nennspannungs – Nenndehnungs – Anfangs – Sekantenmoduli M_{NNAS}, die folgende Bezeichnungen tragen: „elastic modulus" (elastischer Modul) [4, 5], „Elastizitätsmodul" bzw. „Teilelastizitätsmodul" [91], „statischer Elastizitätsmodul" für Kunststoffe [141], „Verformungsmodul" für Gesteine [66], „complex modulus" (komplexer Modul) [179], „modulus of elasticity" (Elastizitätsmodul) [56, 97], „secant modulus" (Sekantenmodul) [6, 7, 8, 16, 17, 18, 71, 97], „stiffness" (Steifheit) [97], „Zugsteifheit" [63, 64], „Kriechmodul" oder „Retardationsmodul" [118, 119, 147], „Sekantenmodul" [117], „модуль эластичности" (Elastizitätsmodul) [53], „условно-расновесный модуль" (Modul des bedingten Gleichgewichts) [55].

In einem britischen Standard [27] ist von einem „modulus at a given tensile strain" (Modul bei einer gegebenen Dehnung) die Rede, der ein Nennspannungs-Nenndehnungs-Anfangs-Sekantenmodul M_{NNAS} ist.

3.2.2. *Theoretischer Nennspannungs-Nenndehnungs-Anfangs-Sekantenmodul M_{NNASth}*

Die 1%- bzw. 2%-Dehnungs-Grenze zur Berechnung des theoretischen Nennspannungs–Nenndehnungs–Anfangs–Sekantenmodul M_{NNASth} verwendeten *A. Brown* [26], *M. P. Nosov* [122], *W. H. Charch* und *W. W. Moseley* [32], *S. E. Ross* [134], *M. H. Priest* [129, 130], *A. J. V. M. Weiss* [176], *H. M. Elder* [48], *T. Murayama*, *J. H. Dumbleton* und *M. L. Williams* [115], dabei wurden folgende Bezeichnungen für den Modul verwendet „stiffness" (Steifheit) [26], „elastic modulus" (elastischer Modul) [32], „modulus" (Modul) [134], „initial modulus" (Anfangsmodul) [129], „Ausgangsmodul" [130], „Modul" [176], „secant modulus at — (specific strain)" (Sekantenmodul bei — (spezifischer Dehnung)) [48] und „stress relaxation modulus at 2% strain" (Spannungs-Relaxations-Modul bei 2% Dehnung), wobei aber der Spannungswert nach verschiedenen Zeiten (4 s bis 3 h) gemessen wird [115].

Die Bezugsdehnung von 2% bzw. 5% wurde von *H. D. Jordan* [76], *W. Albrecht* [2] sowie *P. Weber* und *R. Thomas* [160] bei der Naßprüfung zur Ermittlung des „Naßmoduls" einem theoretischen Nennspannungs-Nenndehnungs-Anfangs-Sekantenmodul M_{NNASth} benutzt.

In sehr vielen Fällen wurden die Reißwerte der Spannung und Dehnung für die Berechnung des theoretischen Nennspannungs - Nenndehnungs - Anfangs - Sekantenmoduls M_{NNASth} herangezogen, so z. B. von *E. Valko* [154], *R. S. Govil* [56], *W. Herzog* [63, 64], *A. Marzocchi* und *D. E. Leary* [102], *R. Huschka* und *W. Kittelmann* [74], *S. Kienow* und *H. W. Hennicke* [87], *W. Gillwald* [52], *P. Weber* und *R. Thomas* [160], *E. Schenkel* [136], *J. E. Clifton*, *J. N. Grant* und *R. S. Orr* [33] sowie *J. N. Grant* [57], wobei wiederum die verschiedensten Begriffe auftraten, wie z. B. „Elastizitätsmodul" [154], „average stiffness" (Durchschnitts-Steifheit), [56, 63, 64], „Durchschnittszugsteifheit" [63, 64], „modulus" (Modul) [102], „mittlere Steifheit" [74], „Verformungsmodul" als Kennwert für Steine [87], „Elastizitätsmodul" als Kennwert für Holzspanplatten [52], „Naßsteifheit", ermittelt bei der Naßprüfung von Textilien [160], „Modul *E* gesamt" [136], „secant modulus" (Sekantenmodul) [10, 33, 57].

J. M. Vernickij [45] benutzte zur Ermittlung des theoretischen Nennspannungs-Nenndehnungs-Anfangs-Sekantenmoduls M_{NNASth} von Werggarn als Bezugswert eine Belastung von 0,5 kp und nannte den Kennwert „модуль жестости" (Steifigkeitsmodul). *L. P. Witnauer* und *W. E. Palm* [178] ermittelten bei der Prüfung von Leder einen theoretischen Nennspannungs - Nenndehnungs - Anfangs - Sekantenmodul M_{NNASth} mit der Bezeichnung „apparent stiffness in tension" (scheinbare Steifheit bei Spannung).

3.2.3. *Wirkspannungs-Nenndehnungs-Anfangs-Sekantenmodul M_{WNAS}*

Bei der Untersuchung des Relaxationsspektrums von Gummi erhielten *W. Kuhn* und *O. Künzle* [91] sowie *W. Kuhn, O. Künzle* und *A. Preissmann* [92] einen „Elastizitätsmodul" bzw. „Teilelastizitätsmodul", der dem Wirkspannungs-Nenndehnungs-Anfangs-Sekantenmodul M_{WNAS} entspricht.

Der „Elastizitätsmodul *E*" von *W. Wegener* [163] ist definiert als das Verhältnis der technischen Elastizitätsgrenze zur zugehörigen Dehnung und stellt einen Wirkspannungs-Nenndehnungs-Anfangs-Sekantenmodul M_{WNAS} dar.

3.2.4. *Theoretischer Wirkspannungs-Nenndehnungs-Anfangs-Sekantenmodul M_{WNASth}*

In den Arbeiten von *D. C. Prevorsek* und *W. J. Lyons* [95, 127, 128] wird ein „dynamic modulus" (dynamischer Modul) angegeben, der als theoretischer Wirkspannungs-Nenndehnungs-Anfangs-Sekantenmodul M_{WNASth} definiert ist.

3.2.5. *Nennspannungs-Wirkdehnungs-Anfangs-Sekantenmodul M_{NWAS}*

Zu diesem Modul ist in der Literatur von uns kein Beispiel gefunden worden.

3.2.6. *Theoretischer Nennspannungs-Wirkdehnungs-Anfangs-Sekantenmodul* M_{NWASth}

Zu diesem Modul ist in der Literatur von uns kein Beispiel gefunden worden.

3.2.7. *Wirkspannungs-Wirkdehnungs-Anfangs-Sekantenmodul* M_{WWAS}

Der „relaxation modulus" (Relaxationsmodul) von *F. S. C. Chang* [31] ist ein Kennwert für das Relaxationsverhalten von Kunststoffen und kann als ein Wirkspannungs-Wirkdehnungs-Anfangs-Sekantenmodul M_{WWAS} angesehen werden.

3.2.8. *Theoretischer Wirkspannungs-Wirkdehnungs-Anfangs-Sekantenmodul* M_{WWASth}

Bei dem „dynamic modulus" (dynamischer Modul) von *D. C. Prevorsek* und *W. J. Lyons* [125] muß aus den angegebenen Werten für die Spannung und Dehnung angenommen werden, daß von einem theoretischen Wirkspannungs-Wirkdehnungs-Anfangs-Sekantenmodul M_{WWASth} die Rede ist.

4. *Zuordnungen zum Amplitudenmodul*

4.1. *Amplitudenmoduli* M_{Amp}

Die Amplitudenmoduli sind, wie aus Teil X dieser Arbeit [177] hervorging, Kennwerte für dynamisch geprüfte Textilien. Die Ermittlung des Amplitudenmoduls geschieht überwiegend mit Hilfe des Kraft-Längenänderungs-Diagramms oder des Spannungs-Dehnungs-Diagramms.

4.1.1. *Nennspannungs-Nenndehnungs-Amplitudenmodul* M_{NNAmp}

Aus der Hysteresisschleife ermittelten die Autoren *H. Wakeham, E. Honold* und *E. L. Skau* [158], *H. Wakeham* und *E. Honold* [156, 157], *E. Honold* und *H. Wakeham* [72], *P. Kainradl* und *F. Händler* [80, 81], *W. Meskat* und *O. Rosenberg* [106], *N. Adams* [1], *W. Sommer* [141], *W. Hoffmann* [67, 68, 69, 70], *G. Kemmnitz* [84], *H. Oberst* [123], *K. Shirakashi, K. Miyasaka* und *K. Ishikawa* [139], *M. Takayanagi* [146] und *E. B. Grover, J. H. Dillon* und *E. W. Suppiger* [59], *R. L. Kondner* [89] einen Nennspannungs-Nenndehnungs-Amplitudenmodul M_{NNAmp}, der folgende Benennungen erhielt: „elastic modulus" (elastischer Modul) [72, 156, 157, 158], „dynamischer *E*-Modul" [106], „Steifheit" [106], „Young modulus" (Young-Modul) [1, 139], „Absolutwert des dynamischen Elastizitätsmoduls" [141], „Steifheitsmodul St" [67, 68, 69, 70], Absolutwert des „komplexen Moduls" [84], „Elastizitätsmodul" [70, 123], „absoluter komplexer Modul" [80], „absolute value of the complex modulus" (Absolutwert des komplexen Moduls) [146], (absolute value) „complex modulus" (Absolutwert des komplexen Moduls) [59, 89], „dynamischer Elastizitätsmodul" [81]. Ferner ist der von *W. Wegener* u. Mitarb. [167, 168, 169, 172] sowie von *G. Egbers* [46] benannte „dehnungsbezogene Spannungsanstieg" ein Nennspannungs-Nenndehnungs-Amplitudenmodul M_{NNAmp}.

4.1.2. *Wirkspannungs-Nenndehnungs-Amplitudenmodul* M_{WNAmp}

Die von *W. Wegener* und seinen Mitarbeitern [161, 162, 164, 165, 170, 171, 174] angegebene „Elastizitätszahl E_Z" stellt einen Wirkspannungs-Nenndehnungs-Amplitudenmodul M_{WNAmp} dar. *H. Meumann* [107] verwendet in seiner Arbeit den Ausdruck „Steifheitsgrad". Der errechnete Kennwert entspricht einem Wirkspannungs-Nenndehnungs-Amplitudenmodul M_{WNAmp}. Auch der von *K.-P. Mieck* [109] angeführte „Elastizitätsmodul" ist ein Wirkspannungs-Nenndehnungs-Amplitudenmodul.

In unseren früheren Arbeiten [19, 20, 21] haben wir einen „dynamischen Elastizitätsmodul E_{34}" errechnet, der nach der neuen Systematik „Wirkspannungs-Nenndehnungs-Amplitudenmodul M_{WNAmp}" heißen muß.

4.1.3. *Nennspannungs-Wirkdehnungs-Amplitudenmodul* M_{NWAmp}

Zu diesem Modul ist in der Literatur von uns kein Beispiel gefunden worden.

4.1.4. *Wirkspannungs-Wirkdehnungs-Amplitudenmodul* M_{WWAmp}

Der von *H. Roelig* und *J. Schmahl* [133] angegebene „komplexe *E*-Modul" kann als ein Wirkspannungs-Wirkdehnungs-Amplitudenmodul M_{WWAmp} angesehen werden.

4.2. *Grenz-Amplitudenmodul* M_{AmpGr}

4.2.1. *Nennspannungs-Nenndehnungs-Grenz-Amplitudenmodul* $M_{NNAmpGr}$

K. Hesselbarth [66] führt in seiner Veröffentlichung über die Prüfung von Gesteinen einen „Elastizitätsmodul nach *Stöcke*" an, der nach unserer Systematik einem Nennspannungs-Nenndehnungs-Grenz-Amplitudenmodul $M_{NNAmpGr}$ entspricht.

4.2.2. *Wirkspannungs-Nenndehnungs-Grenz-Amplitudenmodul* $M_{WNAmpGr}$

Zu diesem Modul ist in der Literatur von uns kein Beispiel gefunden worden.

4.2.3. *Nennspannungs-Wirkdehnungs-Grenz-Amplitudenmodul* $M_{NWAmpGr}$

Zu diesem Modul ist in der Literatur von uns kein Beispiel gefunden worden.

4.2.4. *Wirkspannungs-Wirkdehnungs-Grenz-Amplitudenmodul* $M_{WWAmpGr}$

Zu diesem Modul ist in der Literatur von uns kein Beispiel gefunden worden.

5. *Nicht eindeutig mögliche Zuordnungen*

Aus den Veröffentlichungen von *J. Lünenschloß* [93], *W. J. Lyons* [94], *J. W. S. Hearle* und *R. H. Peters* [60], *H. J. Stein* und *R. Gygax* [143], *D. C. Prevorsek* und *W. J. Lyons* [126], *H. Mark* [98, 100], *H. U. Herwig* [62], *H. Mewes* [108], *J. H. Wakelin, E. T. L. Voong, D. J. Montgomery* und *J. H. Dusenbury* [159], *E. A. Tippetts* [152], *R. B. Hurley* [73], *J. Skelton* [140], *V. S. Joshi, B. R. Shelat* und *Radhakrishnan* [77], *B. S. Sprague* und *R. W. Singleton* [142], *J. Rusznák, J. Weiszburg, T. Hajmasy* und *J. Z. Makkai* [135], *P. W. Eggleston* [47] und unbekannten Autoren [120, 121] ist nicht zu ersehen, ob die angegebenen Moduli, die die verschiedensten Bezeichnungen tragen, Nennspannungs-Nenndehnungs-Anfangs-Sekantenmoduli M_{NNAS} oder Nennspannungs-Nenndehnungs-Anfangs-Tangentenmoduli M_{NNAT} sind. Es ist nur soviel zu entnehmen, daß immer nur der Anfangsbereich der Spannungs-Dehnungs-Kurve, d. h. also eine sehr geringe Dehnung, für die Ermittlung verwendet wird. Als Bezeichnung für den ermittelten Kennwert wurden folgende Begriffe benutzt: „Elastizitätsmodul" [93], „textile (elastic) modulus" (textiler (elastischer) Modul) [94 126], „initial modul" (Anfangsmodul) [47, 60, 120, 140, 152], „Anfangs-Elastizitätsmodul" [62, 143], „Modul" [98], „sogenannter differentieller Elastizitätsmodul" [62], „Anfangs-*E*-Modul" [108], „Young's modulus — extension" (Young-Dehnungs-Modul) [159], „initial tensile modulus" (Anfangs-Zugmodul) [73], „static Young's modulus" (statischer Young-Modul) [77], „modulus" (Modul) [142], „Anfangsmodul" [100, 135], „Young's modulus E" (Young-Modul E) [121].

6. *Nicht zuzuordnende Moduli*

Wie aus der Tabelle 1 des Teiles X und der dort gegebenen Erläuterung dieser Arbeit [177] schon hervorging, lassen sich nicht mehr alle in unserer früheren Veröffentlichung [19] aufgezeigten Moduli in unsere neue Systematik einordnen. Der von *G. Kemnitz* [83, 85] angegebene „komplexe Modul (Steifheit)" [83] bzw. „complex modulus" (komplexer Modul) [85] entspricht der alten Systematik [19] nach einem Modul „E_{35}" und kann in die neue Systematik nicht mehr eingeordnet werden. Mit den von *G. Kemmnitz, W. Meskat* und *H. Meumann* [86] angeführten „komplexen E-Moduli", die dem Kennwert „E_{32}" und „E_{35}" entsprechen, verhält es sich ebenfalls so. Auch der nach DIN 53513 [43] benannte „komplexe Modul", ist nach der alten Systematik [19] ein Modul „E_{32}" und somit nicht mehr einzuordnen. Ferner lassen sich die beiden mit „Steifheitsmodul" bezeichneten Größen von *H. Meumann* [107], die nach unserer früheren Systematik [19] die Modul-Werte „E_{32}" und „E_{35}" darstellen, nicht mehr einordnen.

K. P. Mieck und *H. Stöver* [111, 112] sowie *K. P. Mieck, W. Laukner* und *H. Stöver* [110] verwendeten zur Berechnung des „$/E/$'-Moduls ($\triangleq$ Steifheit)" [111, 112] bzw. „Absolutmoduls (Steifheit) = $/E/$" [110] zwei verschiedene Bezugslängen, und zwar die augenblickliche Probenlänge (d. h. Einspannlänge und bleibende Verlängerung bei konstanter unterer Kraftgrenze) für die Dehnungsberechnung und die Einspannlänge für die Spannungsberechnung. Auch dieser Modul läßt sich nicht mehr einordnen.

Einen sehr eigenwilligen Kennwert berechnet *L. F. Coffin* [34]. Bei der dynamischen Untersuchung von Metallen wird von ihm beim Aufzeichnen der Hysteresisschleife die Dehnungsamplitude in einen elastischen und einen plastischen Anteil aufgeschlüsselt (Bild 2). Der „modulus of elasticity" (Elastizitätsmodul) ist das Verhältnis von Spannungsamplitude zu elastischer Dehnungsamplitude. Es ist ein Tangentenmodul, der aber wie ein Sekantenmodul berechnet wird.

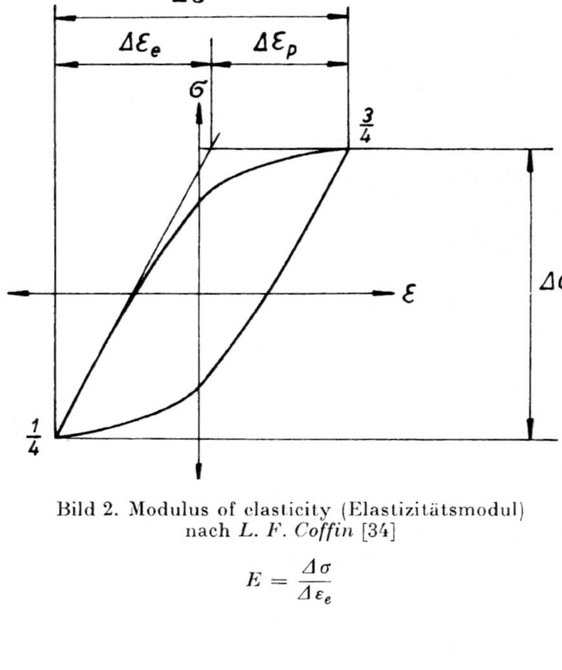

Bild 2. Modulus of elasticity (Elastizitätsmodul) nach *L. F. Coffin* [34]

$$E = \frac{\Delta\sigma}{\Delta\varepsilon_e}$$

7. *Kenngrößen, die keine Moduli sind*

In der Literatur werden oft Kenngrößen mit „Modul" bezeichnet, die nach der allgemein üblichen Definition keine Moduli, nämlich keine Quotienten aus Spannungs- und Dehnungsdifferenzen sind.

Bei der dynamischen Prüfung von Corden wurde von *F. Breazeale* und *J. Whisnant* [25] ein „stretch modulus" (Streck-Modul) ermittelt; es ist der Quotient aus der Kraftamplitude (und nicht der Spannungs-Amplitude) zur Nenndehnungsamplitude, stellt also keinen Modul dar. *G. Fromandi* [49] bezeichnete den Quotienten aus der Kraftamplitude zur Längenamplitude bei der dynamischen Reifencordprüfung als „stress modulus" (Spannungs-Modul), während *D. H. Cooper* [35] und *R. M. Cardillo* [30] bei der dynamischen Gummiprüfung diesen Kraftänderungs-Längenänderungs-Quotienten „spring-rate K" (Ursprungs-Geschwindigkeit K) [35] bzw. „dynamic spring rate" (dynamische Ursprungs-Geschwindigkeit) [30] nannten. *H. McCallion* und *D. M. Devies* [104] definierten die „stiffness" (Steifheit) bei der dynamischen Prüfung von Gummi als das Verhältnis der Kraft bei maximaler Deformation minus der Kraft bei minimaler Deformation zur doppelten Größe der Deformationsamplitude.

In den Arbeiten von *P. Vierling* [155], *A. Matting* und *P. Vierling* [103] sowie *D. Niemeyer* [116] wird als Kenngröße für Fördergurte ein „dynamischer Lagenmodul E_L" errechnet, der das Verhältnis von Kraftamplitude, bezogen auf die Einheit der Einlagenbreite zur Nenndehnungsamplitude darstellt. Die Ermittlung geschieht wie bei dem Amplitudenmodul, nur daß die Dimension kp/cm beträgt.

8. *Vieldeutigkeit des Begriffes Elastizitätsmodul*

Wir wir schon im Teil X dieser Arbeit [177] vorgeschlagen haben, soll bei hochpolymeren Materialien, speziell bei Textilien, von dem Begriff „Elastizitätsmodul" abgegangen werden. In der vorliegenden Arbeit haben wir die verschiedenen in der Literatur gefundenen Begriffe systematisch eingeordnet und dabei festgestellt, daß der Begriff „Elastizitätsmodul" mit den verschiedensten Definitionen belegt worden ist. So ist dieser Begriff „Elastizitätsmodul" speziell in der deutsch-sprachigen Literatur für folgende Moduli verwendet worden: M_{NNAT} [113, 126], M_{OAT} [37, 39, 40, 41, 149, 150], M_{NNS} [138], M_{NNAS} [75, 90, 91, 141], M_{NNASth} [52, 154], M_{WNAS} [92, 163], M_{NNAS} bzw. M_{NNAT} [93], M_{NNAmp} [70, 123] und M_{WNAmp} [109].

9. *Schlußbemerkungen*

Wie aus der vorliegenden Literaturzusammenstellung zu entnehmen ist, verwendeten die überwiegende Zahl der Autoren den Begriff „Modul" im Zusammenhang mit Ergänzungsworten. Darum behielten wir bei unserer Begriffsbildung in den Teilen X und XI dieser Arbeit [177, 22] das Wort „Modul" als Grundbegriff bei. Es ist mit der vorliegenden Literaturzusammenstellung nachgewiesen worden, daß keine einheitliche Verwendung der Begriffe herrscht und daß ein und dasselbe Wort von mehreren Autoren für unterschiedliche Kenngrößen verwendet wird. Da in den einzelnen Arbeiten in vielen Fällen keine eindeutige Definition des verwendeten Begriffes angegeben wird, muß von einer Zusammenstellung der in der Literatur gefundenen Modul-Zahlenwerte für die verschiedenen Faserstoffe abgesehen werden, denn eine Umrechnung der Werte ist auf Grund des Fehlens von Bezugsgrößen oft nicht möglich.

Literatur

[1] *Adams, N.:* The shear and Young's moduli of nylon 66 monofilaments of various orientations and the variation of shear modulus with relative humidity. J. Textile Inst. **47** (1956) S. T530–T540.

[2] *Albrecht, W.*: Qualitätskontrolle bei der Faserherstellung und -weiterverarbeitung. Z. ges. Textilindustrie **67** (1965) 10, S. 773—778.
[3] *Alfrey, T.*: Mechanical behavior of high polymers. New York: Interscience Publ. 1948.
[4] *Andersen, F.*: Studies on the elasticity of cellulose fibers. II. Trans. Danish Acad. Techn. Sci. (1947) 4, S. 1—14.
[5] *Andersen, F.*: Studies on the mechanical properties of cellulose fibers in relation to the internal structure. Contributions from the Danish Institute for Textile Research (1950) 13, S. 1—75.
[6] ASA B 101.1–1963.
[7] ASA L 14.12–1964.
[8] ASA Z 92.1–1965.
[9] *Asmussen, B. W.*, und *Andersen, F.*: Studies on the elasticity of cellulose fibers I. Trans. Danish Acad. Techn. Sci. (1947) 3, S. 1—32.
[10] ASTM D 123–64.
[11] ASTM D 638–64 T.
[12] ASTM D 882–64 T.
[13] ASTM D 885–64 T.
[14] ASTM D 2101–64 T.
[15] ASTM D 2343–65 T.
[16] ASTM E 6–64.
[17] ASTM E 111—61.
[18] ASTM E 231—64 T.
[19] *Bauer, A.*, und *Winkler, F.*: Dynamische Zugprüfung von Fäden. II. Eine Systematik des Elastizitätsmoduls. Faserforsch. und Textiltechnik **15** (1964) 9, S. 432—441.
[20] *Bauer, A.*, und *Winkler, F.*: Dynamische Zugprüfung von Fäden. III. Der dynamische Elastizitätsmodul von Reifencord. Faserforsch. u. Textiltechnik **16** (1965) 4, S. 185—190.
[21] *Bauer, A.*, und *Winkler, F.*: Kennwerte dynamisch geprüfter Fäden. Dt. Textiltechnik **16** (1966) 4, S. 262 bis 268; 5, S. 313—319.
[22] *Bauer, A.*, und *Winkler, F.*: Dynamische Zugprüfung von Fäden. XI. Kritische Betrachtungen zum Begriff Tangentenmodul. Faserforsch. u. Textiltechnik **20** (1969) 3, S. 141—148.
[23] *Berg, H.*: Über Ordnungszustände in synthetischen Fasern und einige Zusammenhänge mit ihren Eigenschaften. Kolloid-Z./Z. Polymere **210** (1966) 1, S. 64 bis 78.
[24] *Bonart, R.*: Spannungs-Dehnungs-Verhalten und Festkörperstruktur von verstreckten teilkristallinen Hochpolymeren. Kolloid-Z./Z. Polymere **210** (1966) 1, S. 16—36.
[25] *Breazeale, F.*, und *Whisnant, J.*: An apparatus to depict the load-elongation diagram of yarn at five cycles per second. J. appl. Physics **20** (1949) S. 621 bis 626.
[26] *Brown, A.*: Second-order transition temperature and fiber properties. Textile Res. J. **25** (1955) 11, S. 891 bis 901.
[27] BS 903: Part A 2:1956.
[28] BS 1755:1951.
[29] BS 3688: Part 1:1963.
[30] *Cardillo, R. M.*: Dynamic testing of elastomer mountings. J. appl. Polymer Sci. **8** (1964) S. 53—71.
[31] *Chang, F. S. C.*: Stress relaxation and hysteresis at various strain rates. J. appl. Polymer Sci. **8** (1964) S. 37—52.
[32] *Charch, W. H.*, und *Moseley, W. W.*: Structure-property relationships in synthetic fibers. I. Structure as revealed by sonic observations. Textile Res. J. **29** (1959) 7, S. 525—535.
[33] *Clifton, J. E.*, *Grant, J. N.*, und *Orr, R. S.*: The effects of various combinations of chemical and physical treatments on the physical properties of cotton yarns and bundles. Textile Res. J. **37** (1967) 7, S. 574—581.
[34] *Coffin, L. F.*: Low cycle fatigue: A review. Appl. Materials Res. **1** (1963) 3, S. 129—141.
[35] *Cooper, D. H.*: Method of applying the results of dynamic testing to rubber anti-vibration systems. Trans. Inst. Rubber Ind. **35** (1959) 5, S. 166—177.
[36] ČSN 640001 (Dez. 1963).
[37] DIN 1602 (Febr. 1944).
[38] DIN 7708, Beiblatt (August 1960).
[39] DIN 7732, Blatt 1 (Juni 1963).
[40] DIN 50145 (Juni 1952).
[41] DIN 63371 (Sept. 1959).
[42] DIN 53444 (E. Dez. 1966).
[43] DIN 53513 (Dez. 1962).
[44] *Dogliotti, E. C.*, und *Yelland, W. E.*: Effect of strain rate on the viscoelastic properties of high polymeric fibrous materials. J. appl. Polymer Sci. **8** (1964) 8, S. 211—235.
[45] *Dvernickij, I. M.*: Änderung des Zugsteifigkeitsmoduls von Werggarn in Abhängigkeit von Drehungszahl und Belastungsdauer. Izv. vysšich uč. Zav. Technol. tekstil. Prom. (Hochschulnachr. Technol. Textil-Ind.) **58** (1967) 3, S. 8—11.
[46] *Egbers, G.*: Zusammenhang zwischen den dynamometrischen Eigenschaften und der Struktur eines vorbehandelten Polyamid-6-Monofils. Dissertation TH Aachen 1965.
[47] *Eggleston, P. W.*: The development of man-made fibres that compete with wool. Textile Inst. Ind. **6** (1968) 2, S. 46—49.
[48] *Elder, H. M.*: The tensile, compressive, and bending moduli of some monofilament materials. J. Textile Inst. **57** (1966) 1, S. T8—T14.
[49] *Fromandi, G.*: The testing and use of rayon for the manufacture of tyres. Proc. Second Rubber Techn. Conference. Cambridge, England (1948) S. 464—477.
[50] *Gaube, E.*: Kriechverhalten von Hartpolyäthylen und Polypropylen. Kunststoffe **57** (1967) 4, S. 270 bis 275.
[51] *Gaube, E.*, und *Menges, G.*: Knicken und Beulen von thermoplastischen Kunststoffen am Beispiel des Hartpolyäthylens. Kunststoffe **58** (1968) 2, S. 153—158.
[52] *Gillwald, W.*: Untersuchungen über die Dauerfestigkeit von mehrschichtigen Spanplatten. Holz Roh- u. Werkstoff **24** (1966) 10, S. 445—449.
[53] GOST 210–53.
[54] GOST 9550–60.
[55] GOST 11053–64.
[56] *Govil, R. S.*: Man-made fibres of today practical data about and the physical properties of the main fibres. Man-made Textiles **16** (1964) 483, S. 47—58.
[57] *Grant, J. W.*: Some factors affecting structure and properties of cotton fibers. 16. Techn. Konferenz der Textilindustrie Budapest, 24.—30. April 1967.
[58] *Grosberg, P.*, und *Kedia, S.*: The mechanical properties of woven fabrics. I. The initial load extension modulus of woven fabrics. Textile Res. J. **36** (1966) 1, S. 71—79.
[59] *Grover, E. B.*, *Dillon, J. H.*, und *Suppiger, E. W.*: Correlation of fatigue with the dynamic modulus of polymers. Textile Res. J. **36** (1966) 4, S. 346—355.
[60] *Hearle, J. W. S.*, und *Peters, R. H.*: Fibre Structure. Manchester and London: The Textile Institute and Butterworths 1963.
[61] *Hellwege, K.-H.*, und *Wurtinger, H.*: Rißbildung in GFK-Laminaten infolge dynamischer Beanspruchung. Kunststoffe **58** (1968) 2, S. 163—167.
[62] *Herwig, H. U.*: Temperatur-Dehnungs-Verhalten von Polyester- und Polyurethanfäden unter Zugbelastung. Kolloid-Z./Z. Polymere **211** (1966) 1/2, S. 34—40.
[63] *Herzog, W.*: Die Zugspannungs- und Dehnungscharakteristik bei Spinnfasern. Lenzinger Ber., Lenzing/Österr. (1966) 21, S. 37—54.
[64] *Herzog, W.*: Die Zugspannungs-Dehnungscharakteristik von Spinnfasern. Melliand Textilber. **47** (1966) 8, S. 847—854.
[65] *Herzog, W.*, und *Trautenberger, H.*: Kräuseleigenschaften von Spinnfasern. Lenzinger Ber., Lenzing/Österr. (1967) 23, S. 17—38.
[66] *Hesselbarth, K.*: Der Elastizitätsmodul im Rahmen des elasto-plastischen Verhaltens von Gesteinen und Baustoffen. Materialprüfung **4** (1962) S. 325—331.
[67] *Hoffmann, W.*: Beschreibung eines Meßplatzes für statische und dynamische Fadenprüfung. Faserforsch. u. Textiltechnik **11** (1960) 9, S. 433—443.
[68] *Hoffmann, W.*: Ein neues Verfahren zur Bestimmung der Hysteresisschleife fadenförmigen textilen Materials und deren Auswertung. Rheologica Acta **1** (1961) 4/6, S. 549—560.

[69] *Hoffmann, W.*: Ein elektrisches Verfahren zur Bestimmung des Flächeninhaltes von Hysteresisschleifen. Rheologica Acta, Darmstadt **3** (1964) 3, S. 172 bis 178.
[70] *Hoffmann, W.*: Die Ermittlung molekularer Parameter mittels dynamischer Meßmethoden am Beispiel von Perlonmonofilen. Rheologica Acta, Darmstadt **5** (1966) 2, S. 101—130.
[71] *Hoge, K. G.*: The behavior of plastic-bonded explosives under dynamic compressive loads. Applied Polymer Symposia VI (1967) 5, S. 19—40.
[72] *Honold, E.*, und *Wakeham, H.*: Hysteresis, elastic modulus, and growth of tire cords under comparable loads. Ind. engng. Chem. **40** (1948) S. 131—134.
[73] *Hurley, R. B.*: The tumble-drying process and acrylic knitted fabrics. Textile Res. J. **37** (1967) 9, S. 746 bis 751.
[74] *Huschka, R.*, und *Kittelmann, W.*: Forderungen an Chemiefaserstoffe für technische Textilien. Dt. Textiltechnik **15** (1965) 8, S. 411—415.
[75] *Jaksch, A.*: Retardationsverhalten von Niederdruck-Polyäthylen bei niederfrequenten Zugschwellbeanspruchungen. Kunststoffe **55** (1965) 8, S. 647—655.
[76] *Jordan, H. D.*: Moderne hochfeste Viskosefasern. Bayer-Farben-Revue, Leverkusen **10** (1965) S. 1—5.
[77] *Joshi, V. S.*, *Shetat, B. R.*, und *Radhakrishnan, T*: Some mechanical properties of swollen and stretched cotton using different swelling agents. Textile Res. J. **37** (1967) 11, S. 989—994.
[78] ISO/R 527 (1966).
[79] *Kägi, H.*: Die Belastungs-Dehnungs-Kurve bei Werkstoffen mit Faserstruktur. Textilien, Leder, Papier. Textil-Rdsch. **8** (1953) 4, S. 168—176; 5, S. 233—242.
[80] *Kainradl, P.*, und *Händler, F.*: Begriffe, Definitionen und Zusammenhänge der visko-elastischen Eigenschaften von Gummi und Hochpolymeren. Gummi, Asbest, Kunststoffe **15** (1962) 3, S. 192—198.
[81] *Kainradl, P.*, und *Händler, F.*: Eigenschaften von Kautschukvulkanisaten und Cord bei schnellen Verformungen. Kautschuk, Gummi, Kunststoffe **5** (1962) 1, S. WT 3—9; 2, S. WT 22—27; 3, S. WT 38—42.
[82] *Kast, W.*, *Meskat, W.*, *Rosenberg, O.*, und *van der Vegt, A. K.*: Struktur und mechanische Eigenschaften von Faserstoffen. In: Physik der Hochpolymeren. Von *H. A. Stuart.* 4. Bd., 7. Kap. Berlin/Göttingen/ Heidelberg: Springer 1956.
[83] *Kemmnitz, G.*: Untersuchung der Stauch-Ermüdung und der Dämpfungs-Erscheinungen an Reifen-Cord. Kautschuk, Gummi, Kunststoffe **12** (1959) 10, S. WT 270—WT 284.
[84] *Kemmnitz, G.*: Graphische Auswertung der Hysterese von Hochpolymeren. Faserforsch. u. Textiltechnik **11** (1960) 9, S. 457—464.
[85] *Kemmnitz, G.*: A study of the compression fatigue and the damping phenomena of tire cord. J. appl. Polymer Sci. **6** (1962)22, S. 273—392.
[86] *Kemmnitz, G.*, *Meskat, W.*, und *Meumann, H.*: Eigenschaften von Reifencorden unter dynamischer Zugwechselbeanspruchung. Rheologica Acta, Darmstadt **1** (1958) 2/3, S. 268—274.
[87] *Kienow, S.*, und *Hennicke, H. W.*: Elastizitäts- und Verformungsmodul bei feuerfesten Steinen. Tonind.-Ztg. **90** (1966) 12, S. 575—577.
[88] *Köb, H.*: Grundfragen zur Beurteilung der Zugelastizität von Chemiefasern. Textil-Praxis **17** (1962) 11, S. 1086—1092.
[89] *Kondner, R. L.*: Elastic-plastic wawe propagation in clay. Applied Polymer Symposia VI (1967) 5, S. 171 bis 183.
[90] *Krosche, G.*, und *Trentsch, G.*: Zur Bestimmung des statischen Elastizitäts- und Torsionsmoduls von Thermoplasten bei variierter Temperatur. Plaste u. Kautschuk **14** (1967) 1, S. 27—29.
[91] *Kuhn, W.*, und *Künzle, O.*: Experimentelle Bestimmung der dynamischen Viskosität und Elastizität sowie des Relaxationszeitspektrums von Kautschuk. Helv. chim. Acta **30** (1947) S. 839—888.
[92] *Kuhn, W.*, *Künzle, O.*, und *Preissmann, A.*: Relaxationszeitspektrum, Elastizität und Viskosität von Kautschuk I. Helv. chim. Acta **30** (1947) S. 307—328.
[93] *Lünenschloß, J.*: Die schlagartige Festigkeitsbeanspruchung und ihre Untersuchung bei verstreckten Textilfäden. Textil-Praxis **16** (1961) 1, S. 182—187; 3, S. 282—290.
[94] *Lyons, W. J.*: Fatigue in textile fibres. I. General considerations; fatiguing by cyclic tension: Instrumentation and fatigue lifetimes. Textile Res. J. **32** (1962) 6, S. 448—459.
[95] *Lyons, W. J.*, und *Prevorsek, D. C.*: Fatigue in textile fibers. IX. Fatiguing by cyclic tension: Effects of twist and static load. Textile Res. J. **35** (1965) 12, S. 1106—1109.
[96] *Maginnis, J. B.*: The Effect of moisture on twisted yarns. Textile Res. J. **20** (1950) 3, S. 165—171.
[97] *Marin, J.*: Mechanical relationships in testing for mechanical properties of polymers. In: Testing of polymers. Von *J. V. Schmitz.* Bd. 1, Kap. 3. New York/ London/Sydney: Interscience Publ. 1965.
[98] *Mark, H.*: Neuere Fortschritte bei Zellulosefasern. Chemiefasern **15** (1965) 6, S. 422—427.
[99] *Mark, H.*: Herstellung, Eigenschaften und Verwendung von Fibrids. Lenzinger Ber., Lenzing/Österr. (1967) 23, S. 5—15.
[100] *Mark, H.*: Aussichten der zukünftigen Faserverbesserungen. 16. Technische Konferenz der Textilindustrie. Budapest 24.—30. April 1967.
[101] *Mark, H.*: Aspekte künftiger Faserverbesserungen. Lenzinger Ber., Lenzing/Österr. (1968) 25, S. 5—15.
[102] *Marzocchi, A.*, und *Leary, D. E.*: Impregnated glass fiber yarns — the new reinforcement for dynamic applications. Amer. Dyestuff Rep. **54** (1965) 21, S. 43—50.
[103] *Matting, A.*, und *Vierling, P.*: Fördern und Heben **12** (1962) S. 355—361, 414—420.
[104] *McCallion, H.*, und *Davis, D. M.*: Behaviour of rubber in compression. Proc. Inst. mechan. Engng. **16**a (1955) 57, S. 1125—1132.
[105] *Menges, G.*: Abschätzen der Tragfähigkeit mäßig beanspruchter Kunststoff-Formteile. Kunststoffe **57** (1967) 6, S. 476—484.
[106] *Meskat, W.*, und *Rosenberg, O.*: Dynamische Prüfung von Textilfasern, -fäden und Monofilen. Reyon, Zellwolle andere Chemiefasern **31** (1953) S. 555—562, 617 bis 625.
[107] *Meumann, H.*: Untersuchungen an Reifencorden unter dynamischer Zugwechselbeanspruchung. Faserforsch. u. Textiltechnik **11** (1960) 9, S. 444—456.
[108] *Mewes, H.*: Polyesterfaserstoffe in der Technik. Techn. Textilien **9** (1966) 4, S. 171—197.
[109] *Mieck, K.-P.*: Zum Einfluß der Verstreckung von Polyamidseide auf die Gebrauchseigenschaften daraus hergestellter Polyamidcorde. Faserforsch. u. Textiltechnik **19** (1968) 4, S. 181—187.
[110] *Mieck, K.-P.*, *Laukner, W.*, und *Stöver, H.*: Untersuchungen über den Einfluß der Fadenzugkraft beim Imprägnieren auf die Gebrauchseigenschaften von Reifencord. Plaste u. Kautschuk **10** (1963) 2, S. 91 bis 97.
[111] *Mieck, K.-P.*, und *Stöver, H.*: Zur Untersuchung des Einflusses der Drehung auf die Gebrauchseigenschaften von Reifencord. Faserforsch. u. Textiltechnik **12** (1961) 7, S. 331—343.
[112] *Mieck, K.-P.*, und *Stöver, H.*: Über einige Ergebnisse statischer und dynamischer Cordprüfungen. Faserforsch. u. Textiltechnik **13** (1962) 11, S. 502—511.
[113] *Morbitzer, L.*, *Hentze, G.*, und *Bonart, R.*: Zur Dehnungskalorimetrie einseitig verstreckter Polyäthylenterephthalat-Folien. Kolloid-Z./Z. Polymere **216/217** (1967) S. 137—149.
[114] *Morton, W. E.*, und *Hearle, J. W. S.*: Physical properties of textile fibres. Manchester and London: The Textile Institute and Butterworths 1962.
[115] *Murayama, T.*, *Dumbleton, J. H.*, und *Williams, M. L.*: The viscoelastic properties of oriented nylon 66 fibers. III. Stress relaxation and dynamic mechanical properties. J. makromol. Sci. B **1** (Physics) (1967) 1, S. 1—14.
[116] *Niemeyer, D.*: Spannungs-Dehnungs-Verhalten von Fördergurten mit Polyester-Polyamid-Einlagen. Kautschuk, Gummi, Kunststoffe **21** (1968) 4, S. 187—192.

[117] *N. N.:* Tabellarische Übersicht über die Kunststoffprüfung. I. Kunststoff-Berater **10** (1965) 5, S. 357 bis 363.
[118] *N. N.:* Tabellarische Übersicht über die Kunststoffprüfung. II. Kunststoff-Berater **10** (1965) 6, S. 460 bis 461.
[119] *N. N.:* Tabellarische Übersicht über die Kunststoffprüfung. III. Kunststoff-Berater **10** (1965) 7, S. 536 bis 539.
[120] *N. N.:* Clevyl *T*-France's high temperature chlorofibre. Man-made Textiles **42** (1965) 492, S. 45.
[121] *N. N.:* Shirley does work on carbon fibres. Textile Month (1968) March, S. 109.
[122] *Nosov, M. P.:* Über den Mechanismus der Dauerfestigkeit von Cordfäden aus synthetischen Fasern. Kaučuk i rezina **18** (1959) 1, S. 40—43.
[123] *Oberst, H.:* Praktische Kunststoffprüfung. In: *R. Nitsche* und *K. A. Wolf*: Kunststoffe. Bd. 2, Kap. 3.4.2. Berlin/Göttingen/Heidelberg: Springer 1961.
[124] *Papero, P. V., Kubu, E.,* und *Roldan, L.:* Fundamental property considerations in tailoring a new fiber. Textile Res. J. **37** (1967) 10, S. 823—833.
[125] *Prevorsek, D. C.,* und *Lyons, W. J.:* Fatigue fracture in fibrous polymers as a brittle, crack-nucleation process. J. appl. Physics **35** (1964) 11, S. 3152—3164.
[126] *Prevorsek, D. C.,* und *Lyons, W. J.:* Fatigue in textile fibers. VI. Fatiguing by cyclic tension; effects of frequency on the statistics of lifetimes. Textile Res. J. **25** (1965) 1, S. 73—78.
[127] *Prevorsek, D. G.,* und *Lyons, W. J.:* Fatigue in textile fibers. VII. Fatiguing by cyclic tension; considerations of creep and force data. Textile Res. J. **35** (1965) 2, S. 110—118.
[128] *Prevorsek, D. C.,* und *Lyons, W. J.:* Behavior of uniaxially oriented polymers in longitudinal tension. Am. Chem. Soc. Div. Polymer Chem. Preprint **5** (1965) 2, S. 427—440.
[129] *Priest, M. H.:* Developments in rayon for rubber and plastics reinforcement. Rubber Plastics Age **46** (1965) 5, S. 491—492.
[130] *Priest, M. H.:* Entwicklungen von Viskosefaserstoffen zur Kautschuk- und Kunststoffverstärkung. Techn. Textilien **9** (1966) 6, S. 299—304.
[131] *Puck, A.:* Zur Beanspruchung und Verformung von GFK-Mehrschichtenverbund-Bauelementen. Teil I. Grundlagen der Spannungs- und Verformungsanalysen. Kunststoffe **57** (1967) 4, S. 284—293.
[132] *Retting, W.:* Beitrag zur Untersuchung des mechanischen Verhaltens von Kunststoffen in Abhängigkeit von der Beanspruchungsgeschwindigkeit und der Temperatur. Kolloid-Z./Z. Polymere **203** (1965) 2, S. 108—115.
[133] *Roelig, H.,* und *Schmahl, J.:* Weiterentwicklung einer Prüfmaschine zur Bestimmung des Dämpfungsverhaltens von Polymeren. Kautschuk, Gummi, Kunststoffe **13** (1960) 8, S. WT 221—WT 228.
[134] *Ross, S. E.:* Modulus-temperature relationship ofvarious fibers. Textile Res. J. **35** (1965) 10, S. 958—960.
[135] *Rusznák, J., Weiszburg, J., Hajmasy, T.,* und *Makkai, J. Z.:* Über neuere Zusammenhänge zwischen den dynamischen und mechanischen Eigenschaften der Baumwolle. 16. Techn. Konferenz der Textilindustrie, Budapest, 24.—30. April 1967.
[136] *Schenkel, E.:* Materialkennwerte und ihre Bedeutung. Textil-Praxis **22** (1967) 3, S. 171—179.
[137] *Schmidt, K. A. F.:* Verstärkung duromerer und thermoplastischer Kunststoffe. Kunststoffe **57** (1967) 6, S. 414—421.
[138] *Schreyer, G.,* und *Bauer, P.:* Bestimmung des Elastizitätsmoduls von Kunststoffen im Zug-, Druck- und Biegeversuch, Teil 2. Versuchsergebnisse. Kunststoffe **58** (1968) 5, S. 368—375.
[139] *Shirakashi, K., Miyasaka, K.,* und *Ishikawa, K.:* The cyclic extension of rayon at constant strain. J. Soc. Textile Cellulose Ind. Japan **18** (1962) 8, S. 651—656.
[140] *Skelton, J.:* The effects of planar crimp in the measurement of the mechanical properties of fibres, filament, and yarns. J. Textile Res. **58** (1967) 11, S. 533—556.
[141] *Sommer, W.:* Elastisches Verhalten von Polyvinylchlorid bei statischer und dynamischer Beanspruchung. Kolloid-Z. **167** (1959) 2, S. 97—131.
[142] *Sprague, B. S.,* und *Singleton, R. W.:* Fibers from aromatic polyamides. Textile Res. J. **35** (1965) 11, S. 999—1008.
[143] *Stein, H. J.,* und *Gygax, R.:* Das Färben von Mischungen aus Vestan/Wolle. Fachorgan Textilveredlung **19** (1964) 8, S. 587—592.
[144] *Stuart, H. A.:* Physik der Hochpolymeren. IV. Theorie und molekulare Deutung technologischer Eigenschaften von hochpolymeren Werkstoffen. Berlin/Göttingen/Heidelberg: Springer 1956, S. 218.
[145] *Susich, G.,* und *Vadala, E. Th.:* The tensile properties of man-made and synthetic stable yarns. Textile Res. J. **25** (1955) S. 817—832.
[146] *Takayanagi, M.:* Viscoelastic properties of crystalline polymers. Memoirs Faculty Engineering **23** (1963) 1, S. 39—96.
[147] *Taprogge, R.:* Die Abhängigkeit des Retardationsmoduls thermoplastischer Kunststoffe von der mechanischen Beanspruchung, der Belastungszeit und der Temperatur. Rheologica Acta, Darmstadt **6** (1967) 2, S. 107—114.
[148] *Taprogge, R.:* Die konstruktionstechnischen Werkstoffeigenschaften von Thermoplasten. Plaste u. Kautschuk **14** (1967) 5, S. 333—343.
[149] TGL 17857 (März 1964).
[150] TGL 0-53371 (Dez. 1962).
[151] TGL 0-53510 (Nov. 1962).
[152] *Tippetts, E. A.:* Fiber engineering to meet end use requirements. Textile Res. J. **37** (1967) 6, S. 524—533.
[153] UNI 552–64.
[154] *Valko, E.:* Der Elastizitätsmodul der Zellulosederivate bei tiefen Temperaturen. Melliand Textilber. **13** (1932) 9, S. 461—463.
[155] *Vierling, P.:* Zum dynamischen Verhalten von Gummifördergurten mit Gewebeeinlagen. Dissertation TH Hannover 1961.
[156] *Wakeham, H.,* und *Honold, E.:* Hysteresis and related elastic properties of tire cords. J. appl. Physics **17** (1946) S. 698—711.
[157] *Wakeham, H.,* und *Honold, E.:* Mechanical hysteresis properties of single fibers and cords. Textile Res. J. **21** (1951) S. 1—5.
[158] *Wakeham, H., Honold, E.,* und *Skau, E. L.:* A Comperison of some elastic properties of tire cords. J. appl. Physics **16** (1945) S. 388—401.
[159] *Makelin, J. H., Voong, E. T. L., Mongomery, D. J.,* und *Dusenbury, J. H.:* Vibroscope measurements of the elastic moduli of nylon 66 and Dacron filaments of various draw ratios. J. appl. Physics **26** (1955) S. 786—792.
[160] *Weber, P.,* und *Thomas, R.:* Chemiefasern aus Zellulose mit hohem Naßmodul. Chemiefasern **17** (1967) 1, S. 35—44.
[161] *Wegener, W.:* Spannungs-Dehnungseigenschaften einer auf dynamischen Dauerstand beanspruchten Viskosekunstseide. Z. ges. Textilind. **54** (1952) 1, S. 10—14; 2, S. 71—75; 3, S. 105—112.
[162] *Wegener, W.:* Der dynamische Dauerstandversuch und seine Auswertung. Melliand Textilber. **34** (1953) S. 640—641, S. 742—745.
[163] *Wegener, W.:* Festigkeits- und Formänderungseigenschaften. In: Handbuch der Werkstoffprüfung. 5. Bd., Kap. XI. Berlin/Göttingen/Heidelberg: Springer 1960.
[164] *Wegener, W.:* Dynamische Dauerversuche und Dauerstandversuche an Kordreyon. Textil-Praxis **16** (1961) 4, S. 386—394.
[165] *Wegener, W.:* Gebrauchswertprüfungen an Falschdrahtgarnen und an den daraus gefertigten Kettgarnen und Geweben. Z. ges. Textilind. **64** (1962) 8, S. 668—679; 9, S. 755—763; 10, S. 875—884; 11, S. 976—984; 12, S. 1075—1084.
[166] *Wegener, W.:* Dynamometrische Eigenschaften von unbehandelten und vorbehandelten Elastomerfäden. 16. Techn. Konferenz der Textilindustrie Budapest, 24.—30. April 1967.
[167] *Wegener, W.,* und *Egbers, G.:* Zusammenhang zwischen den dynamometrischen Eigenschaften und der

Struktur eines vorbehandelten Polyamid-6 Monofils. (II). Chemiefasern **16** (1966) 5, S. 396–406; 6, S. 488 bis 498; 7, S. 561–568; 8, S. 632–637; 9, S. 720 bis 727; 10, S. 814–822.
[168] *Wegener, W.*, und *Egbers, G.:* Mechanisch-technologische Eigenschaften und Struktur eines unbehandelten und eines thermisch behandelten Polyacryl-Copolymerisates. Z. ges. Textilind. **68** (1966) 7, S. 502 bis 508; 8, S. 589–595; 9, S. 689–700; 10, S. 790–798; 11, S. 864–871.
[169] *Wegener, W.*, *Egbers, G.*, und *Guse, R.:* Eine neue Methode zur direkten Bestimmung der Flächeninhalte von Hysteresisschleifen. Melliand Textilber. **47** (1966) 10, S. 1115–1123.
[170] *Wegener, W.*, und *Falch, W.:* Dynamische Daueruntersuchungen an Reifencord. Reyon, Zellwolle andere Chemiefasern **33** (1955) 8, S. 542–550; 9, S. 613 bis 618.
[171] *Wegener, W.*, und *Hoth, E. G.:* Einfluß verschiedener Vor- und Ausdehnungen auf die Festigkeits- und Dehnungseigenschaften von Reifencord. Melliand Textilber. **41** (1960) 7, S. 804–812.
[172] *Wegener, W.*, und *Jammers, H. C.:* Veränderung der Materialeigenschaften von Polyamid 6-Garnen durch die Texturierung nach dem Falschdrahtzwirnprozeß (II). Chemiefasern **18** (1968) 2, S. 135–139.
[173] *Wegener, W.*, und *Schubert, O.:* Abhängigkeit der mit dem Modulus Uniformity Monitor gemessenen Schallgeschwindigkeit von der Struktur der Faserstoffe. Textile-Praxis **21** (1966) 9, S. 636–642; 10, S. 732 bis 739.
[174] *Wegener, W.*, und *Thomas, G.:* Dynamische Dauerstandsuntersuchungen an Reifencord bei verschiedenen Temperaturen. Textil-Praxis **12** (1957) 1, S. 29 bis 34.
[175] *Wegener, W.*, und *Wulfhorst, B.:* Dynamometrische Eigenschaften von Elastomer- und Gummifäden. Z. ges. Textilind. **69** (1967) 8, S. 533–539.
[176] *Weiss, A. J. V. M.:* Eigenschaften der Elastomerfasern und Gebrauchswert der daraus hergestellten Textilien. Melliand Textilber. **47** (1966) 1, S. 15–22.
[177] *Winkler, F.*, und *Bauer, A.:* Dynamische Zugprüfung von Fäden. X. Kritische Betrachtungen zum Begriff Sekantenmodul. Faserforsch. u. Textiltechnik **19** (1968) 6, S. 278–284.
[178] *Witnauer, L. P.*, und *Palm, W. E.:* The flexibility of leather. J. amer. Leather Chem. (1964) 6, S. 246–258.
[179] *Yamada, R.*, *Hayashi, C.*, *Onogi, S.*, und *Horio, M.:* Dynamic birefringence of several high polymers. J. Polymer Sci. C (1964) 5, S. 123–237.

Eingegangen am 13. Januar 1969

Diffusion von Wasser in Hochpolymeren

Ernst-Otto Schmalz und Horst Grundke

VEB Chemiefaserkombinat Wilhelm-Pieck-Stadt Guben, Forschungslaboratorium (Leiter: Dr. K.-D. Ahlers)

DK 678.6/.7–492.3:532.72:546.212:543.21:543.242

Es werden verschiedene Verfahren zur Bestimmung der Diffusionskoeffizienten von Wasser in Hochpolymeren beschrieben. Für Granulatkörper werden speziell eine gravimetrische und eine manometrische Methode angegeben. Die experimentellen Ergebnisse an Polyamid 6 und Polyäthylenterephthalat beziehen sich auf einen Temperaturbereich von 70 bis 200 °C.

Диффузия воды в полимерах

Описаны различные методы определения коэффициента диффузии воды в полимерах. Для гранулята приведены, в частности, гравиметрический и манометрический методы. Полученные на полиамиде-6 и полиэтилентерефталате экспериментальные результаты относятся к температурам от 70 до 200°C.

Diffusion of water into High Polymers

Various methods for determining the diffusion coefficients of water into high polymers are described. A gravimetric and manometric method especially designed for granulate samples are presented. Experimental results were obtained with nylon 6 and polyethylene terephthalate between 70 and 200 °C.

1. Einleitung

Die Trocknung verschiedener hochpolymerer Substanzen läuft in vielen Fällen über Diffusionsvorgänge ab. Bedingung hierbei ist, daß die Feuchtigkeit in den Polymeren wie z. B. beim Polyamid 6 und beim Polyäthylenterephthalat in Form einer echten Lösung vorliegt. Wird bei der Trocknung das Gut bewegt oder einem kräftigen Gasstrom ausgesetzt, dann ist die adhärierende Gasschicht relativ klein, und wegen der im Gasraum erheblich größeren Diffusionskoeffizienten kann die in der Gasphase ablaufende Diffusion als nachgelagerte Reaktionsstufe vernachlässigt werden. In diesem Fall wird demzufolge der Vorgang allein durch die im Gut ablaufende Diffusion bestimmt. Die hierbei auftretenden Zeitabhängigkeiten werden von den Diffusionskoeffizienten wesentlich beeinflußt. Die Bestimmung der für die Berechnung der Trocknung hochpolymerer Granulate benötigten Diffusionskoeffizienten soll im folgenden Beitrag näher untersucht werden.

2. Bestimmung von Diffussionskoeffizienten

Die in der Literatur öfter beschriebenen Methoden, bei denen mikroskopisch oder mittels radioaktiver Markierungen Diffusionskoeffizienten ermittelt werden, lassen sich für das vorliegende Problem nicht einsetzen. Die in Frage kommenden Verfahren unterscheiden sich in der Aufbereitung des zu untersuchenden Materials und damit verbunden in der anzuwendenden Meßmethode sowie in den Auswerteverfahren.

In den meisten Fällen werden für die Untersuchungen Folien eingesetzt und die Permeation von Gasen oder Dämpfen gemessen [1 bis 8]. Die Ermittlung der Diffusionskoeffizienten erfolgt hierbei nach folgenden Verfahren:

1. Aus der durch Extrapolation ermittelten Durchbruchszeit.
2. Aus dem stationären Wert der Permeation unter Einbeziehung der Löslichkeitskonstanten.
3. Aus dem zeitlichen Einstellvorgang des Permeationsstromes.

Bei diesen Verfahren werden in den meisten Fällen Druckdifferenzen gemessen; es existieren aber auch Veröffentlichungen, in denen die durchtretenden Mengen gravimetrisch bestimmt werden [5, 9].

Die Diffusionskoeffizienten lassen sich weiterhin aus dem Verlauf der Quellung berechnen. Hierbei unterscheidet man zwei Verfahren:

1. Absorption (Quellung),
2. Desorption (Entquellung),

die beide entweder über

den Anfangsverlauf oder über
die Endeinstellung

ausgewertet werden können.

Bei den Quellungsuntersuchungen werden in der Regel Quarzspiralfederwaagen [10, 15] oder spezielle Waagensysteme [5, 11, 15] eingesetzt. Im Gegensatz zu den Permeationsmessungen lassen sich bei den auf der Sorption beruhenden Methoden sowohl Filme [5, 10, 15] als auch andere Körper (z. B. Granulate) [11] untersuchen.

Es gibt demnach eine Reihe von Möglichkeiten, mit denen Diffusionskoeffizienten reproduzierbar bestimmt werden können.

Für das vorliegende Problem, die Bestimmung von Diffusionskoeffizienten zur Berechnug der Trocknungsvorgänge hochpolymerer Granulate, sollten aber Messungen mittels Folien ausgeklammert werden. Eine derartige Einschränkung erscheint notwendig, da für derartige Untersuchungen das Granulat in Folien überführt werden muß und bei diesem Übergang strukturphysikalische Änderungen sehr wahrscheinlich auftreten. Darüber hinaus besitzen Folien den Nachteil, daß vor- und nachgelagerte sowie Grenzflächenreaktionen wegen der geringen Dicke der Folien den Gesamtvorgang wesentlich stärker beeinflussen, als dies bei den relativ groben Granulatteilchen der Fall ist. Wie *F. H. Müller* und *E. Hellmuth* [5] weiterhin zeigen konnten, weisen die nach den vier verschiedenen Verfahren der Quellung bestimmten Diffusionskoeffizienten Unterschiede um etwa den Faktor 3 bis 4 auf.

Für Trocknungsberechnungen können demzufolge nur Diffusionskoeffizienten eingesetzt werden, die in Analogie zur kritischen Phase der Trocknung über den Endzustand der Desorption ermittelt wurden. Hinsichtlich der zulässigen Fehlergrenze kann aber andererseits eingeschränkt werden, daß die Fehlerbreite der im betrieblichen Trocknungsprozeß gemessenen Parameter nicht wesentlich unterschritten werden muß. Erhöht sich z. B. der Diffusionskoeffizient bei einem Temperaturanstieg von 10 grd um 30%, dann sind bei einer Unsicherheit der betrieblichen Temperaturanzeige von 2 grd Fehler von 6% in D zulässig.

3. *Gravimetrische Bestimmung von Diffusionskoeffizienten*

Für den Desorptionsvorgang gilt bei genügend hohen Zeiten folgende Beziehung [5, 10, 11, 12]:

$$F = F_0 \cdot A \cdot \exp(-a \cdot D \cdot t); \qquad (1)$$

F = mittlere freie Feuchtigkeit zur Zeit $t = t$ [mg H_2O/100 g Polym.],
F_0 = freie Anfangsfeuchtigkeit zur Zeit $t = 0$,
A = Formspezifische Konstante,
a = Formfaktor [m^{-2}],
D = Diffusionskoeffizient [m^2/h],
t = Trocknungszeit [h].

Die beiden formspezifischen Größen können für verschiedene geometrische Körper berechnet werden [12].

Für den Fall des Zylinders und des Quaders gelten die in Gleichung (2) angegebenen Beziehungen:

Zylinder

$$A = \frac{32}{(2{,}405 \cdot \pi)^2} = 0{,}56 \qquad (2\,a)$$

$$a = \frac{2{,}405^2}{R^2} + \frac{\pi^2}{x^2} \qquad (2\,b)$$

Quader

$$A = \frac{512}{\pi^6} \qquad (2\,c)$$

$$a = \pi^2 \left(\frac{1}{x^2} + \frac{1}{y^2} + \frac{1}{z^2}\right) \qquad (2\,d)$$

R = Zylinderradius [m],
x, y, z = Länge, Breite, Höhe [m].

Von Gleichung (1) ausgehend läßt sich nach *H. Kunze* [11] der Diffusionskoeffizient berechnen, indem die experimentell ermittelte Kurve $F = f(t)$ graphisch differenziert wird,

$$\frac{dF}{dt} = -A \cdot F_0 \cdot a \cdot D \cdot \exp - (a \cdot D \cdot t) = -a \cdot D \cdot F, \qquad (3)$$

und die Differentialquotienten gegen F aufgetragen werden. Der Anstieg α der so entstehenden Geraden liefert schließlich den gesuchten Diffusionskoeffizienten D:

$$D = -\frac{\alpha}{a}. \qquad (4)$$

In der Literatur wird zur Bestimmung von D häufiger die logarithmische Methode angewandt. Hierbei wird Gleichung (1) logarithmiert

$$\log F = -\frac{a \cdot D}{\ln 10} \cdot t + \log A \cdot F_0 \qquad (5)$$

und $\log F$ gegen t aufgetragen [5, 10—14]. Aus dem Anstieg β dieser Geraden läßt sich D nach (6) berechnen:

$$D = \beta \cdot \frac{\ln 10}{a}, \qquad (6)$$

Die in Gleichung (1) eingeführte freie Feuchtigkeit F unterscheidet sich von der Gesamtfeuchtigkeit F_{ges} um die Gleichgewichtsfeuchtigkeit F^*:

$$F_{ges} = F + F^*; \qquad (7)$$

F_{ges} = Gesamtfeuchtigkeit zur Zeit $t = t$.

F^* läßt sich in den meisten Fällen recht gut nach dem *Henry/Dalton*schen Gesetz berechnen.

Bei der analytischen Bestimmung der Feuchtigkeit (Titration nach *K. Fischer*, Differenzwägung nach Trocknen bei höheren Temperaturen bzw. über P_2O_5 usw.) wird fast immer F_{ges} bestimmt. Für diese Werte gilt aber Gleichung (1) nicht mehr, d. h., diese Gleichung wird um den konstanten Betrag F^* verfälscht. Die Größe F^* besitzt, solange Druck- und Temperaturänderungen nicht vorgenommen werden, auf die graphische Differentiation wegen

$$\frac{dF_{ges}}{dt} = \frac{d(F + F^*)}{dt} = \frac{dF}{dt} \qquad (8)$$

keinen Einfluß. Wird Gleichung (3) gegen F_{ges} statt gegen F aufgetragen, dann erfolgt eine Parallelverschiebung der Geraden um F^*. Die Bestimmung von D nach dem Differentialverfahren wird demnach durch die Wahl von F_{ges} statt F als Bezugsbasis nicht beeinflußt. Im Gegensatz hierzu gilt die logarithmische Beziehung (5) nur für die Basis F. Wird stattdessen F_{ges} eingesetzt, dann treten speziell bei höheren Zeiten Abweichungen vom linearen Verlauf auf. Aus diesem Grunde müssen die ermittelten Feuchtigkeitswerte vor der logarithmischen Auswertung in der Regel um F^* korrigiert werden.

Diese Korrektur wurde von uns anhand des nach Gleichung (3) sich für $dF/dt = 0$ ergebenden Abzissenabschnittes vorgenommen.

Wie oben bereits erwähnt, können derartige Messungen experimentell an Quarzspiralfederwaagen oder Spezialwaagen durchgeführt werden. Da das betrieblicherseits eingesetzte Granulat hinsichtlich des Formfaktors nicht einheitlich ist, sollten zwecks einer Mittelwertbildung stets größere Mengen (d. h. ca. 20 g) eingesetzt werden. Für derartige Belastungen sind Quarzspiralfederwaagen nicht geeignet. Die speziellen Waagensysteme sind hinsichtlich des interessierenden Temperaturbereiches nicht in jedem Fall einsetzbar. Aus diesen Gründen wurde der eigentliche Diffusionsprozeß von der analytischen Bestimmung getrennt. Zu diesem Zweck wurden gleichzeitig mehrere Proben (geringe Schichthöhe) in Wägegläsern in einen Trockenschrank gegeben, zu verschiedenen Zeiten dem Trockenschrank wieder entnommen, zurückgewogen und anschließend bei höheren Temperaturen der Restwassergehalt bestimmt. Aus den hieraus resultierenden Kurven wurden dann die Diffusionskoeffizienten — wie oben angegeben — berechnet. Das Verfahren liefert trotz des geringen experimentellen Aufwandes in gewissen Temperaturbereichen brauchbare Werte. Um die durch das Aufheizen bzw. Abkühlen der Proben verursachten Temperatur/Zeit-Fehler möglichst klein zu halten, benötigt die Methode gewisse Zeiten, die nicht unterschritten werden können. Aus diesem Fakt resultieren für das Verfahren obere Temperaturgrenzen. Bei dem von uns eingesetzten Material ergaben sich folgende Maximaltemperaturen:

Polyamid 6: T_{max} ca. 120 °C,
Polyäthylenterephthalat: T_{max} ca. 90 °C.

4. *Manometrische Bestimmung von Diffusionskoeffizienten*

Der Temperaturbereich läßt sich durch die Anwendung des manometrischen Verfahrens wesentlich erweitern. Die Methode basiert auf der von *G. Illing* und *D. v. Hobe* [16] angegebenen Wasserbestimmung, bei der die Probe in einer Glasapparatur evakuiert und nach Einschalten eines mit Öl gefüllten Differenzmanometers die Feuchtigkeit aus der Probe durch Erhitzen mit einem Ölbad ausgetrieben wird. Das Ende der Bestimmung läßt sich an der Konstanz der beiden Schenkel des Differenzmanometers erkennen. Da der durch das austretende Wasser verursachte Druckanstieg praktisch kontinuierlich registriert werden kann, liegt es nahe, den sich hieraus ergebenden Zeitverlauf des Druckanstieges für Diffusionsmessungen auszuwerten. Die an diesem Gerät gemessenen Druckdifferenzen lassen sich nach Eichung mit definierten Wassermengen (Bestimmung der Apparate-Konstante Z) in entsprechende Wasserwerte umrechnen.

Für die Bestimmung der zeitabhängigen Größe F' gilt die in Gleichung (9) angegebene Beziehung:

$$F' = \frac{100 \cdot p}{Z \cdot E} = k \cdot p; \tag{9}$$

F' = ausgetriebene Feuchtigkeit zur Zeit $t = t$ [mg H_2O/100 g Polym.],
p = Druck [mm Ölsäule],
Z = Apparatekonstante [mm Ölsäule/mg Wasser],
E = Einwaage [g],

wobei

$$F' = F_{og} - F - F^*; \tag{10}$$

F_{og} = Gesamtfeuchtigkeit zur Zeit $t = 0$.

Bei den eigentlichen Wasserbestimmungen wird der Gleichgewichtszustand ($F = 0$) eingestellt, und aus dem nach (9) gemessenen F'-Wert kann mittels F^* die gesuchte Größe F_{og} berechnet werden. Im Gegensatz hierzu wird bei den Bestimmungen von D der zeitliche Verlauf verfolgt:

$$\frac{dF'}{dt} = \frac{dF_{og}}{dt} - \frac{dF}{dt} - \frac{dF^*}{dt}. \tag{11}$$

Hierbei ergibt sich nach (9) für den Differentialquotienten der linken Seite von (11)

$$\frac{dF'}{dt} = \frac{100}{Z \cdot E} \cdot \frac{dp}{dt}. \tag{12 a}$$

Die Änderung von F resultiert nach (12b) aus der diffusionsbedingten Wasserabnahme und durch die druckbedingte Zunahme von F^*

$$\frac{dF}{dt} = -a \cdot D \cdot F - \frac{dF^*}{dt}. \tag{12 b}$$

Da der 1. Differentialquotient der rechten Seite von (11) gleich Null ist, geht mit (12) Gl. (11) über in:

$$\frac{100}{Z \cdot E} \cdot \frac{dp}{dt} = a \cdot D \cdot F. \tag{13}$$

Die Größe F ist über Gleichung (10) in Druckeinheiten umzurechnen, wobei

$$F_{og} = \frac{100}{Z \cdot E} \cdot p_{max}, \tag{14 a}$$

$$F^* = K \cdot p \cdot c; \tag{14 b}$$

K = Gleichgewichtskonstante [mg H_2O/Torr · 100 g Polymeres],
c = Umrechnungsfaktor von mm Ölsäule in Torr.

Damit läßt sich (13) überführen in

$$\frac{dp}{dt} = a \cdot D \cdot p_{max} - a \cdot D \cdot \left(1 + \frac{Z \cdot E \cdot K \cdot c}{100}\right) \cdot p. \tag{15}$$

Zwischen dem Differentialquotienten und p besteht also — wie auch experimentell festgestellt wurde — ein lineares Verhältnis, aus dessen Anstieg α der Diffusionskoeffizient berechnet werden kann.

$$D = -\frac{\alpha}{a} \cdot \frac{100}{100 + E \cdot K \cdot Z \cdot c}. \tag{16}$$

Die beiden Gleichungen (4) und (16) unterscheiden sich durch den Quotienten in (16). Die Größe dieses Quotienten wird bei größeren Einwaagen wesentlich durch die Gleichgewichtskonstante K bestimmt. Diese Konstante nimmt bei fallenden Temperaturen stark zu, so daß die durch den Quotienten gegebene Korrektur bei tiefen Temperaturen erhebliche Werte annimmt.

Bei der logarithmischen Darstellung ergibt sich analog aus dem Anstieg β der Geraden

$$D = \beta \cdot \frac{\ln 10}{a} \cdot \frac{100}{100 + E \cdot K \cdot Z \cdot c}. \tag{17}$$

Zur Ableitung von (17) wird Gleichung (15) bestimmt integriert und das Ergebnis unter dem Logarithmus in entsprechende Druckeinheiten umgerechnet. Bei der graphischen Darstellung wird auf der Abszisse t und auf der Ordinate $\log p_{geb}$ aufgetragen.

$$p_{geb} = p_{max} - p^{\star} - p. \tag{17a}$$

Hierbei ist $p_{max} - p^{\star}$ der aus den experimentellen Werten durch Extrapolation nach dem Differentialverfahren für $t = \infty$ bestimmte Grenzwert und p der am Manometer abgelesene Druck.

An der manometrischen Apparatur lassen sich Druckwerte wegen der großen Dichteunterschiede von Quecksilber und Siliconöl exakt messen. Die Genauigkeit der Druckmessung kann jedoch mitunter wegen Temperaturschwankungen nicht voll ausgenutzt werden. Diese Temperaturschwankungen beziehen sich auf die Raumtemperatur und führen wegen Erwärmung oder Abkühlung des Meßteils der Apparatur leicht zu Fehlern in den Druckbestimmungen. Wegen der eventuell auftretenden Temperaturdifferenzen und der erforderlichen absoluten Abdichtung des Gerätes empfiehlt es sich, manometrische Messungen nur für solche Temperaturbereiche vorzunehmen, in denen die Bestimmungen gewisse Zeiten (z. B. 4 h) nicht überschreiten.

Nach dem manometrischen Verfahren können nur integrale Diffusionskoeffizienten bestimmt werden, d. h., diese Größen sind Mittelwerte für bestimmte Feuchtigkeitsintervalle. Die Breite dieser Bereiche läßt sich durch entsprechend hohe Einwaagen weitgehend einengen. Die Lage der Intervalle kann nach Gleichung (14b) über den Gleichgewichtsdruck bestimmt werden. Dieser läßt sich durch eine geeignete Vortrocknung des Granulates zwischen ca. 5 und 25 Torr beliebig einstellen.

Durch Variationen in der Ausgangsfeuchtigkeit und der Einwaage sind demnach auch Untersuchungen hinsichtlich der Abhängigkeit der Diffusionskoeffizienten vom Feuchtigkeitsgehalt möglich. Im Polyamid vorhandenes Lactam stört die manometrische Bestimmung der Diffusionskoeffizienten nicht. Lactam wird bei höheren Temperaturen zwar ebenfalls aus dem Polyamid ausgetrieben, schlägt sich jedoch — wie in einem Blindversuch mit reinem Lactam nachgewiesen werden konnte — an den kälteren Stellen der Proberöhre quantitativ nieder und bewirkt demzufolge keinen meßbaren Druckanstieg.

5. *Temperaturabhängigkeit der Diffusionskoeffizienten*

Die Diffusionskoeffizienten sind nach *Eyring* temperaturabhängig [17].

$$D = D_0 \cdot \exp(-E/RT); \tag{18}$$

E = Aktivierungsenergie der Diffusion [kcal/mol].

Das lineare Verhältnis von $\log D$ gegen $1/T$ läßt Fehlmessungen leicht erkennen und gestattet eine zusätzliche Mittelwertsbildung der experimentell bestimmten Diffusionskoeffizienten. Die in (18) auftretenden charakteristischen Kennwerte D_0 und E gelten in der Regel nur für begrenzte Temperaturbereiche, da die im $\log D - 1/T$-Diagramm auftretenden Geraden mitunter Unstetigkeitsstellen besitzen [2, 3, 4, 18].

6. *Experimentelle Ergebnisse*

6.1. *Polyamid 6*

Bei den Bestimmungen nach der gravimetrischen Methode wurde Granulat verschiedener Korngrößen sowie endloses Polyamidband eingesetzt. Zur Ermittlung des Formfaktors a wurden die für Gleichung (2b) benötigten Größen mittels einer Mikrometerschraube mehrfach bestimmt und gemittelt. Wegen der ungleichmäßigen Schnittflächen (schräger Schnitt, Kanten usw.) muß bei a mit Fehlern von ca. 10% gerechnet werden. Es wurde Granulat mit folgenden Abmessungen eingesetzt:

	kleine Schnitzel	große Schnitzel	endloses Band
x (10^{-3} m)	1,41	1,90	∞
R (10^{-3} m)	0,70	1,00	0,86
a (10^6 m^{-2})	16,7	8,8	7,7

Die Berechnung der gesuchten Diffusionskoeffizienten soll in dem in Tabelle 1 gegebenen Beispiel einer gravimetrischen Bestimmung bei 100°C näher erläutert werden.

Zur Auswertung verbindet man die experimentell gefundenen Werte im F_{ges}/t-Diagramm durch eine Kurve. Die auf diese Weise vorgenommene Mittelung gleicht eventuell vorhandene statistische Unsicherheiten weitgehend aus. Die so erhaltenen Kurvenwerte (Spalte 1 und 2 der Tabelle 1) dienen als Basis für die weiteren Berechnungen. Die graphisch ermittelten Differentialquotienten (Spalte 3) lassen sich — wie aus Bild 1 ersichtlich ist — linear gegen F_{ges} auftragen.

Der Anstieg der Geraden ergibt sich zu $\alpha = 0{,}00945$ min^{-1}. Hieraus errechnet sich mit $a = 16{,}7 \times 10^6$ m^{-2} der Diffusionskoeffizient nach Gleichung (4) zu $D = 33{,}9 \cdot 10^{-9}$ m^2/h.

Die Extrapolation der Geraden liefert weiterhin für $dF_{ges}/dt = 0$ einen Grenzwert von $F_{ges} = 73$ mg H_2O/100 g PA.

(Dieser Grenzwert sollte theoretisch gleich $F^{\star}$ sein. Wegen verschiedener experimenteller Besonderheiten

Tabelle 1. Bestimmung von Diffusionskoeffizienten aus einer Trocknungskurve

t [min]	F_{ges} $\left[\frac{mg\,H_2O}{100\,g\,PA}\right]$	$\frac{dF_{ges}}{dt}$ $\left[\frac{mg\,H_2O}{100\,g\,PA \cdot min}\right]$	$\log F_{ges}$	F $\left[\frac{mg\,H_2O}{100\,g\,PA}\right]$	$\log F$
120	500	4,87	2,70	427	2,63
150	390	3,05	2,59	317	2,50
180	311	2,22	2,49	238	2,38
210	251	1,69	2,40	178	2,25
240	210	1,22	2,32	137	2,14
300	150	0,78	2,18	77	1,89
360	115	0,40	2,06	42	1,62

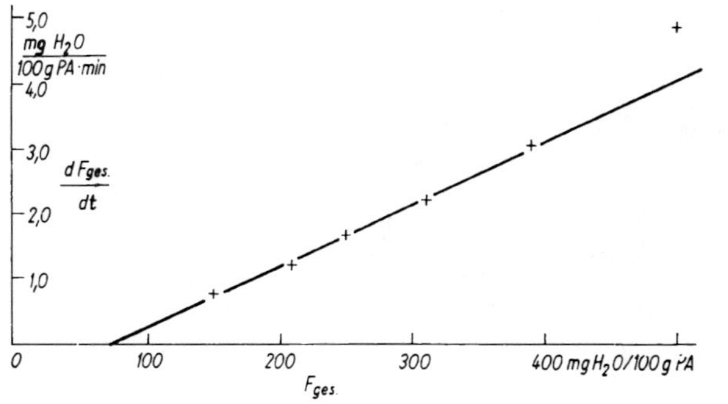

Bild 1. Bestimmung von Diffusionskoeffizienten (Differentialmethode)

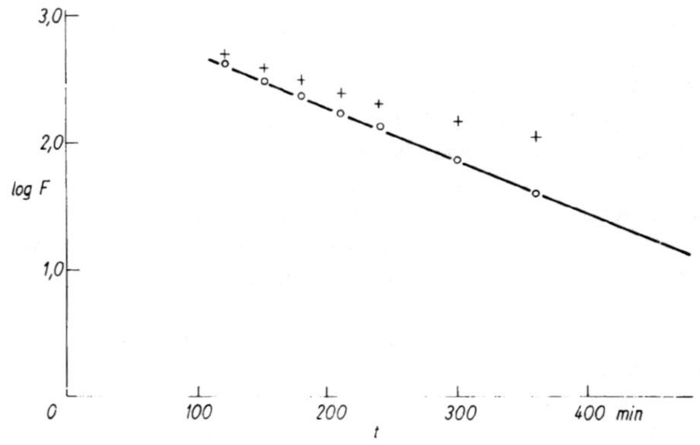

Bild 2. Bestimmung von Diffusionskoeffizienten (logarithmische Methode)

○ Feuchtigkeitswerte korrigiert (log F)

+ Feuchtigkeitswerte nicht korrigiert (log F_{ges})

sollte jedoch die Gleichgewichtskonstante K auf diesem Wege nicht ermittelt werden.) Zur Bestimmung von D auf logarithmischem Wege muß von den jeweiligen F_{ges}-Werten (2. Spalte) dieser Extrapolationswert subtrahiert werden. Die so korrigierten Feuchtigkeiten (5. und 6. Spalte) ergeben im log F/t-Diagramm die geforderte Gerade (s. Bild 2). Der Anstieg $\beta = 0{,}00421$ min^{-1} liefert dann nach Gleichung (6) $D = 34{,}8 \times 10^{-9}$ m^2/h. Werden die Feuchtigkeitswerte vor dieser Auswertung nicht korrigiert (4. Spalte), dann ergeben sich speziell bei hohen Zeiten erhebliche Abweichungen von der erforderlichen Geraden (Bild 2 — obere Kurve).

Bei den in den Bildern 1 und 2 angegebenen Auswertungen treten speziell bei hohen und tiefen Feuchtigkeits- bzw. Zeitwerten Abweichungen vom geforderten linearen Verlauf auf. Dies beruht darauf, daß für kleine Zeiten Gleichung (1) und die daraus resultierenden Ableitungen nicht exakt gelten. Die bei hohen Zeiten auftretenden Abweichungen beruhen dagegen auf experimentellen Fehlern oder — wie in Bild 2 gezeigt wurde — auf einer unvollständigen Korrektur der Feuchtigkeiten.

Mit den oben genannten Granulaten unterschiedlicher Größe wurden bei verschiedenen Temperaturen gravimetrische Bestimmungen durchgeführt. Wegen $D = f(F_{ges})$ werden in jedem Fall integrale Diffusionskoeffizienten gemessen, die sich in der vorliegenden Ausarbeitung auf einen Feuchtigkeitsgehalt von ca. 0,1 bis 0,3% H_2O erstrecken. Die Mittelwerte der Versuchsreihen (Einzelabweichung ca. 5 bis 10%) sind in Bild 3 logarithmisch gegen $10^3/T$ aufgetragen. Wie ersichtlich ist, lassen sich die Diffusionskoeffzienten nach dem in Gleichung (18) angegebenen Exponentialgesetz wiedergeben. Abweichungen hinsichtlich der unterschiedlichen Granulatgrößen treten nicht auf.

Dieser Sachverhalt beweist die Gültigkeit der für die Berechnung des Formfaktors angesetzten Gleichung (2b).

Die manometrischen Bestimmungen müssen bei der Auswertung um den in den Gleichungen (16) bzw. (17) angegebenen Quotienten korrigiert werden. Diese Korrekturen können in keinem Fall vernachlässigt werden und nehmen — wie die folgenden beiden Beispiele zeigen — speziell unter 100°C erhebliche Ausmaße an:

t [0°C]	E [g]	K $\left[\frac{\text{mg } H_2O}{\text{Torr}\cdot 100\text{g PA}}\right]$	Z $\left[\frac{\text{mm Ölsäule}}{\text{mg } H_2O}\right]$	c	$\frac{100}{100 + E\cdot K\cdot Z\cdot c}$
80	5,993	14,9	32,1	0,07	0,332
100	6,019	6,57	32,3	0,07	0,528

Die manometrisch bestimmten Diffusionskoeffizienten sind ebenfalls in Bild 3 eingetragen. Die Methode liefert im Bereich von etwa 100 bis 150°C reproduzierbare

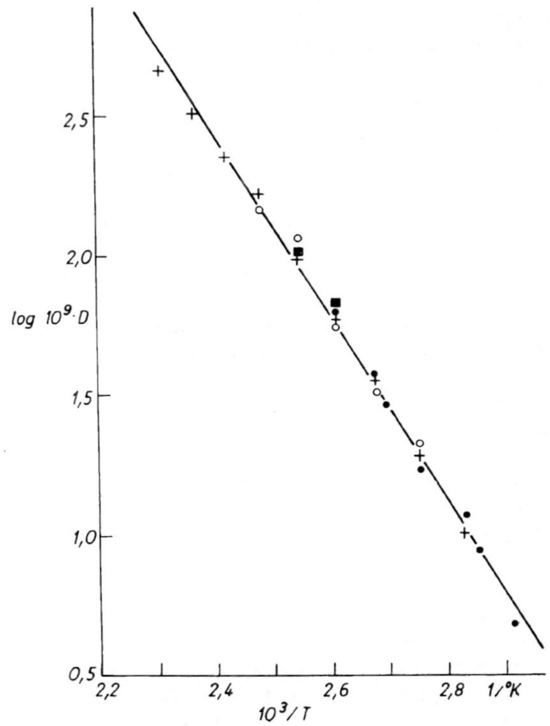

Bild 3. Temperaturabhängigkeit der Diffusionskoeffizienten von Polyamid

+ manometrische Messungen

● gravimetrisch — kleine Schnitzel

○ gravimetrisch — große Schnitzel

■ gravimetrisch — Schnitzelband

integrale Diffusionskoeffizienten. Die Ergebnisse sind innerhalb der Fehlergrenzen mit denen der gravimetrischen Untersuchungen bei gleichen Temperaturen identisch und liegen bei höheren Temperaturen auf der nach dem Exponentialgesetz geforderten Geraden.

Die bei Temperaturen über 150 °C auftretenden Abweichungen sind auf die hier einsetzende Nachpolymerisation zurückzuführen, die bei zunehmender Temperatur die Meßergebnisse in immer stärkerem Maße verfälscht.

Bei Temperaturen unter 100 °C weisen die Meßergebnisse mitunter größere Abweichungen auf. Die auftretenden Unsicherheiten resultieren aus folgenden Fakten:

1. Die Korrekturen nehmen erhebliche Ausmaße an.
2. Die Messungen benötigten extrem lange Zeiten, für die das Verfahren nicht geeignet ist.
3. Durch den erheblichen Anstieg der in Gleichung (14b) gegebenen Gleichgewichtskonstanten werden die Messungen bei relativ hohen Feuchtigkeiten durchgeführt. Wegen der Abhängigkeit der Diffusionskoeffizienten vom Feuchtigkeitsgehalt können hierdurch bedingt Abweichungen zu höheren D-Werten auftreten.

Aus den Ergebnissen resultiert, daß das manometrische Verfahren für höhere und die gravimetrische Methode für tiefere Temperaturen besser geeignet ist. Für den für Polyamid interessierenden Temperaturbereich von ca. 70 bis 150 °C sollten aus diesem Grunde beide Verfahren eingesetzt werden.

Aus den Werten von Bild 3 lassen sich weiterhin nach Gleichung (18) die Größen E und D_0 berechnen. Die Auswertung ergab:

$$E = 15{,}1\ \text{kcal/mol}, \quad D_0 = 23\ \text{m}^2/\text{h}.$$

6.2. Polyäthylenterephthalat

Das für die Untersuchungen eingesetzte quaderförmige Polyäthylenterephthalat-Granulat besaß nach Gleichung (2d) einen Formfaktor von $a = 2{,}61 \times 10^6\ \text{m}^{-2}$. Das Granulat wurde vor den Messungen bei 140 °C in die kristalline Form überführt und anschließend wieder mit Feuchtigkeit beladen. Bei den Versuchen ergab sich, daß wegen der hohen Diffusionskoeffizienten schon bei 100 °C die gravimetrische Methode nicht mehr einsetzbar ist. Sämtliche Messungen wurden deshalb auf manometrischer Basis durchgeführt. Die in den Quotienten der Gleichungen (16) und (17) auftretenden Korrekturen waren nur bei tiefen Temperaturen merklich und lagen bei höheren Temperaturen unter der Fehlergrenze des Verfahrens (ca. 5%).

Die gemessenen Diffusionskoeffizienten (Mittelwerte) sind in Bild 4 graphisch dargestellt. In diesem Bild wurden weiterhin Werte aufgenommen, die aus den mitgeteilten Versuchsdaten von *N. I. Gel'perin* [19] berechnet werden konnten. Hierbei handelt es sich um relative Größen, die auf den Kurvenwert von 190 °C als Fixpunkt bezogen wurden.

Aus Bild 4 ergaben sich für E und D_0 folgende Werte:

$$E = 8{,}66\ \text{kcal/mol}, \quad D_0 = 2{,}6 \cdot 10^{-2}\ \text{m}^2/\text{h}.$$

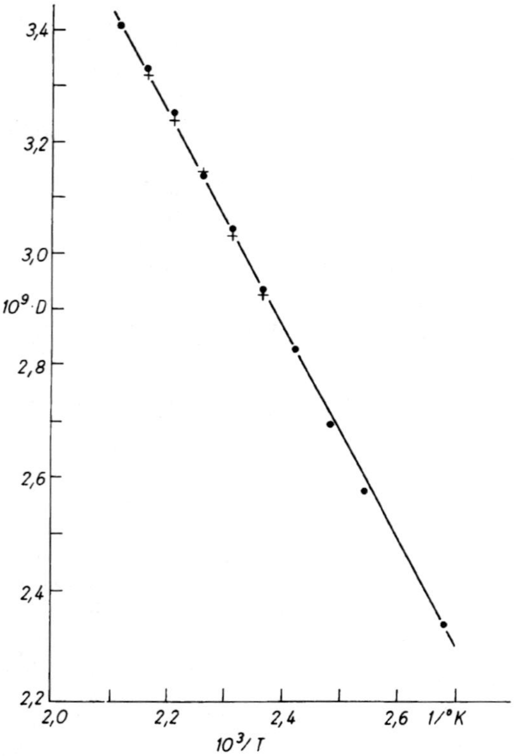

Bild 4. Temperaturabhängigkeit der Diffusionskoeffizienten von Polyäthylenterephthalat

● manometrische Messungen
\+ berechnet nach Angaben von *N. I. Gel'perin* u. a.

Zusammenfassung

Ausgehend von einer Übersicht der Bestimmungsmethoden der Diffusionskoeffizienten von Wasser in Hochpolymeren, werden speziell zwei Verfahren angegeben, nach denen Trocknungsvorgänge auch an Granulaten untersucht werden können. Bei dem *gravimetrischen* Verfahren werden Vorgänge der Entquellung von Hochpolymeren durch Differenzwägungen verfolgt und die Diffusionskoeffizienten über eine graphische Differentiation oder über ein logarithmisches Verfahren berechnet. Die *manometrische* Wasserbestimmung gestattet über den zeitlichen Druckverlauf ebenfalls die Berechnung von Diffusionskoeffizienten. Das Verfahren liefert bei geringem apparativem Aufwand sichere Werte, erfordert aber bestimmte Korrekturen. Beide Verfahren unterliegen aus experimentellen Gründen hinsichtlich der Temperatur Begrenzungen. Die Bestimmungen erfolgen beim Polyamid 6 zwischen 70 und 160 °C, beim Polyäthylenterephthalat zwischen 100 und 200 °C.

Die gefundenen Diffusionskoeffizienten entsprechen hinsichtlich der Temperaturabhängigkeit dem bekannten Exponentialgesetz. Die Größen E und D_0 werden für beide Substanzen berechnet.

Für die sorgfältige Durchführung der Messungen möchten wir an dieser Stelle Frau *Bohne*, Frau *Hänsel* und Frl. *Lorenz* vielmals danken.

Literatur

[1] *Paul, D. R.*, und *DiBenedetto, A. T.*: Diffusion in amorphous polymers. J. Polymer Sci., C: Polymer Symposia (1965) 10, S. 17—44.

[2] *Barrer, R. M.*, und *Chio, H. T.:* Solution and Diffusion of gases and vapors in silicone rubber membranes. J. Polymer Sci., C: Polymer Symposia (1965) 10, S. 111 bis 138.

[3] *Stannett, V.*, und *Williams, J. L.:* The permeability of poly(ethyl methacrylate) to gases and water vapor. J. Polymer Sci., C: Polymer Symposia (1965) 10, S. 45 bis 59.

[4] *Kumins, C. A.:* Transport through polymer films. J. Polymer Sci., C: Polymer Symposia (1965) 10, S. 1–9.

[5] *Müller, F. H.*, und *Hellmuth, E.:* Permeation, Quellung und Diffusion in Polymeren. Diffusion in 6-Nylon (1. Teil). Kolloid-Z. **177** (1961) 1, S. 1–23.

[6] *Yasuda, H.*, und *Stannett, V.:* Permeation, solution, and diffusion of water in some high polymers. J. Polymer Sci. **57** (1962) S. 907–923.

[7] *Myers, A. W., Rogers, C. E., Stannett, V.*, und *Szwarc, M.:* Permeability of polyethylene to gases and vapors. Modern Plastics (1957) S. 157–165.

[8] *Myers, A. W., Meyer, J. A., Rogers, C. E., Stannett, V.*, und *Szwarc, M.:* Studies in the gas and vapor permeability of plastic films and coated papers. Part VI. The permeation of water vapor. Tappi, New York **44** (1961) S. 58–64.

[9] *Schatzberg, P.:* Diffusion of water through hydrocarbon liquids. J. Polymer Sci., C: Polymer Symposia (1965) 10, S. 87–92.

[10] *Long, F. A.*, und *Thompson, L. J.:* Diffusion of water vapor in polymers. J. Polymer Sci. **15** (1955) S. 413–426.

[11] *Kunze, H.:* Untersuchungen zur Vakuum-Verdampfungstrocknung von Perlon-Schnitzeln. Dissertation TH Aachen 1958.

[12] *Schmalz, E. O., Ahlers, K. D., Dielforder, H., Grundke, H.*, und *Zuchold, H.:* Untersuchungen zur Trocknung von Polyamid-Granulat. Faserforsch. u. Textiltechnik **20** (1969) 1, S. 42–47.

[13] *Armstrong, A. A.*, und *Stannett, V.:* Temperature effects during the sorption and desorption of water vapor in high polymers. I. Fibers with particular reference to wool. Makromol. Chemie **90** (1966) S. 145–160.

[14] *Armstrong, A. A., Wellons, J. D.*, und *Stannett, V.:* Temperature effects during the sorption and desorption of water vapor in high polymers. II. Films with special reference to ethyl cellulose. Makromol. Chemie **95** (1966) S. 78–91.

[15] *Wellons, J. D.*, und *Stannett, V.:* Permeation, sorption, and diffusion of water in ethyl cellulose. J. Polymer Sci., A1: Polymer Chem. **4** (1966) 3, S. 593–602.

[16] *Illing, G.*, und *v. Hobe, D.:* Manometrische Bestimmung sehr kleiner Wassergehalte in hochpolymeren Stoffen. Z. analyt. Chemie **230** (1967) 6, S. 418–421.

[17] *Kamal, M. R.*, und *Canjar, L. N.:* Diffusion coefficients. Chem. engng. Progress **62** (1966) 1, 82–86.

[18] *Kanamaru, K.*, und *Sugiura, M.:* Diffusion-controlled transitions in high polymers. Kolloid-Z. **178** (1961) 1, S. 1–24.

[19] *Gel'perin, N. I., Kvaša, V. B., Seregin, Ju. M., Ajzensteijn, E. M.*, und *Simonova, M. I.:* Trocknung von granuliertem Polyäthylenterephthalat in der Wirbelschicht. Chim. Volokna (Chem. Fasern) (1967) 2, S. 27–29.

Eingegangen am 27. Januar 1969

Untersuchungen zur alkalischen Spaltung von Estern und Äthern der Cellulose in Gegenwart von Dimethylsulfoxid

Todor Lukanoff, Karl-Joachim Linow und Burkart Philipp

Deutsche Akademie der Wissenschaften zu Berlin, Institut für Faserstoff-Forschung in Teltow-Seehof

DK 547.458.82:678.546.23:542.951.92
547.279.521.1:541.124

Während bei hochaktivierten Celluloseäthern (Cyanäthyl- bzw. Amidäthylcellulose), die als niedermolekulares Spaltstück eine aktivierte Vinylverbindung liefern, eine vollständige und polymeranaloge alkalische Spaltung in Gegenwart von Dimethylsulfoxid erfolgt, erfordert die Verseifung von Celluloseacetat und -carbanilat schärfere Reaktionsbedingungen, wodurch ein gewisser Abbau der Cellulosekette nicht zu vermeiden ist. In diesen Fällen ist die Anwendung alkalischer Dimethylsulfoxidlösungen nur zur raschen Bestimmung des Substitutionsgrades sinnvoll.

Исследование процесса щелочного расщепления эфиров целлюлозы в присутствии диметилсульфоксида

Сильно активированные простые эфиры целлюлозы (цианэтил- и амидоэтилцеллюлоза), образующие в качестве низкомолекулярного продукта реакции активные винильные соединения, расщепляются в присутствии диметилсульфоксида количественно и полимераналогично. Омыление ацетата и карбанилата целлюлозы в щелочной среде протекает в более жестких условиях, вызывающих известную деструкцию целлюлозы. В этих случаях применение щелочных растворов диметилсульфоксида представляется целесообразным только для экспресс-определения степени замещения сложных эфиров целлюлозы.

Investigations on the Alkaline Scission of Cellulose Esters and Ethers in the Presence of Dimethyl Sulfoxide

While with highly activated cellulose ethers (cyanoethyl and carbamoylethyl cellulose), giving off an activated vinyl compound as low molecular scission product, complete polymer analogous alkaline scission proceeds in the presence of dimethyl sulfoxide, the saponification of cellulose acetate and carbanilate requires stronger conditions under which degradation of the cellulose chain to a certain degree cannot be avoided. In these cases the application of alkaline solutions of dimethyl sulfoxide is appropriate only for rapid determination of the degree of substitution.

1. Einführung

Eine systematische Untersuchung der speziellen Lösungsmitteleigenschaften (vgl. [1]) des Dimethylsulfoxids (DMSO) eröffnete in den letzten Jahren die Möglichkeit, bei verschiedenen chemischen Umsetzungen [1, 2], u. a. bei der alkalischen Verseifung niedermolekularer Ester [3], die Umsetzungsgeschwindigkeit durch einen Wechsel des Reaktionsmediums von Wasser oder Alkohol nach einem aprotischen Lösungsmittel wie DMSO um mehrere Zehnerpotenzen zu erhöhen, wobei diese Beschleunigung vor allem auf die veränderten Solvatationsverhältnisse, im Falle der Esterverseifung speziell auf eine dadurch bedingte beträchtliche Aktivitätserhöhung der OH′-Ionen, zurückzuführen ist (vgl. [2]). Es lag nahe, die Anwendbarkeit dieser Erkenntnisse auf die alkalische Spaltung einiger Celluloseester und Celluloseäther zu prüfen, wobei uns vor allem interessierte, welche Vorteile sich durch einen DMSO-Zusatz bei der alkalimetrischen Substitutionsgradbestimmung von Celluloseestern ergeben, inwieweit in Gegenwart von DMSO auch Celluloseäther vollständig gespalten werden und in welchen Fällen sich derartige Spaltungen ohne merklichen Kettenabbau, also „polymeranalog" durchführen lassen

2. *Versuchsmethodik*

Für unsere Untersuchungen zogen wir folgende Cellulosederivate heran:

Celluloseäther

Cyanäthylcellulose mit einem Substitutionsgrad (SG) von 0,5 bis 2,8, hergestellt aus Viskosecordseide bzw. aus Baumwollinters sowohl nach dem Einbadverfahren als auch nach dem Zweibadverfahren [4].

Mischäther der Cellulose, die sowohl Carboxyäthyl- als auch Amidäthylgruppen enthielten mit einem maximalen SG von ca. 0,6, hergestellt durch Umsetzung von Cellulose mit Acrylamid in alkalischem Medium [5].

Hydroxyäthylcellulose mit einem SG von 1,33 (Handelspräparat „Tylose" HP 300 der Fa. Kalle AG Wiesbaden).

Carboxymethylcellulose mit einem SG von etwa 1,0, erhalten durch Umfällung handelsüblicher Präparate („Tylose" C 300 der Fa. Kalle AG Wiesbaden) aus wäßriger NaOH.

Celluloseester

Celluloseacetate mit einem SG von 2,8 bis 2,9, wobei es sich sowohl um technisches Triacetat („Cellit" der Fa. Bayer Dormagen) als auch um durch Acetylierung in Pyridin [6] aus umgefällten Cellulosen gewonnene Präparate handelte.

Cellulosecarbanilat mit einem SG von 2,8 bis 2,9, erhalten durch Umsetzung eines hochviskosen Sulfit-Zellstoffs mit Phenylisocyanat in Pyridin [7].

Cellulosenitrate mit einem SG von 2,7 bis 2,8, erhalten nach [8] aus verschiedenen nativen und umgefällten Cellulosen.

Vor der Behandlung mit dem Verseifungsgemisch wurden die Präparate durch trockenes Aufschlagen in einer elektrischen Schlagwerkmühle zerkleinert. Zur Abspaltung der Ester- bzw. Äthergruppierung setzten wir DMSO/Wasser-Gemische unterschiedlicher Zusammensetzung ein, die aber stets 0,5 n bzw. 0,1 n an NaOH bzw. KOH waren, und variierten außerdem Temperatur und Zeitdauer der Behandlung. Bei einer Einwaage von 0,5 g des Cellulosederivates wurde das Flottenverhältnis bei 1 : 20 bis 1 : 40 im Falle von 0,5 n NaOH bzw. 1 : 100 bei 0,1 n NaOH gehalten. Während der Behandlung trat zwar meist eine merkliche Quellung, aber in keinem Falle eine vollständige Auflösung des Cellulosederivates ein; die Abspaltung der Ester- bzw. Äthergruppe erfolgte also stets in einem heterogenen System. Der Verlauf der Abspaltung wurde durch eine SG-Bestimmung an den abfiltrierten, mit Wasser alkalifrei gewaschenen und getrockneten Rückständen verfolgt, wobei wir bei Cyanäthylcellulosen, Amidäthylcellulose und Cellulosecarbanilaten eine Stickstoffbestimmung nach *Kjeldahl* heranzogen, bei Carboxyäthylcellulosen nach [9], bei Carboxymethylcellulosen nach [10] und bei Cellulosenitrat nach [11] verfuhren und den SG von Celluloseacetat durch Verseifung mit alkoholischer Kalilauge bestimmten. Bei den Versuchsreihen mit Celluloseestern wurde außerdem der durch die Verseifungsreaktion verursachte Alkaliverbrauch in der Behandlungsflotte acidimetrisch ermittelt.

3. *Ergebnisse und ihre Auswertung*

Bei Celluloseäthern läßt sich durch einen DMSO-Zusatz zum alkalischen Reaktionsmedium eine erhebliche Beschleunigung der Ätherspaltung dann erzielen, wenn für das niedermolekulare Spaltstück eine Stabilisierung durch Ausbildung einer Doppelbindung möglich ist, wie bei Cyanäthylcellulosen (Abspaltung von Acrylnitril) oder Carboxyäthylcellulosen (Abspaltung von Acrylsäure). Celluloseäther, bei denen eine solche Stabilisierung des niedermolekularen Spaltstücks nicht möglich ist, sind dagegen auch in Gegenwart eines hohen DMSO-Anteils (bis zu 70 mol-%) gegenüber Alkali beständig (z. B. Carboxymethylcellulose). Tabelle 1 belegt dies anhand einiger Beispiele, wobei uns vor allem das Verhalten hochsubstituierter Cyanäthylcellulosen interessierte. Während die von *Tesoro* und *Sello* [12] benutzte Methode der Abspaltung aktivierter Vinylverbindungen aus Cellulosederivaten mittels wäßriger 0,5 n NaOH bei 65 °C bei Cyanäthylcellulosen nach 3 h Einwirkungsdauer allenfalls zu einer Verringerung des SG auf ca. $^2/_3$ des Ausgangswertes führt, läßt sich unter sonst gleichen Bedingungen bei Verwendung eines DMSO/Wasser-Gemisches im Verhältnis 1:1 entsprechend ca. 20 mol-% DMSO als Reaktionsmedium schon nach 2 h eine vollständige Decyanäthylierung erzielen (vgl. a. [13]), die zudem praktisch polymeranalog, d. h. ohne merklichen Kettenabbau stattfindet, wie ein Vergleich der Cuoxam-DP-Werte von Linters und Viskosecordseide vor und nach einem Cyanäthylierungs / Decyanäthylierungs - Zyklus ausweist (Tabelle 2).

Den zeitlichen Verlauf der Verseifung von Celluloseestern mit 0,5 n NaOH in Gegenwart von DMSO zeigt Bild 1 für ein Celluloseacetat und ein Cellulosecarbanilat, wobei der „relative Rest-SG" (in % des Ausgangs-SG) gegen die Reaktionszeit aufgetragen ist. Mit eingetragen wurden die durch acidimetrische Titration der Behandlungsflotte erhaltenen Meßwerte. Die Ergebnisse beider, voneinander unabhängiger Methoden stimmen offensichtlich soweit überein, daß für eine Routinebestimmung der abgespaltenen Ester-

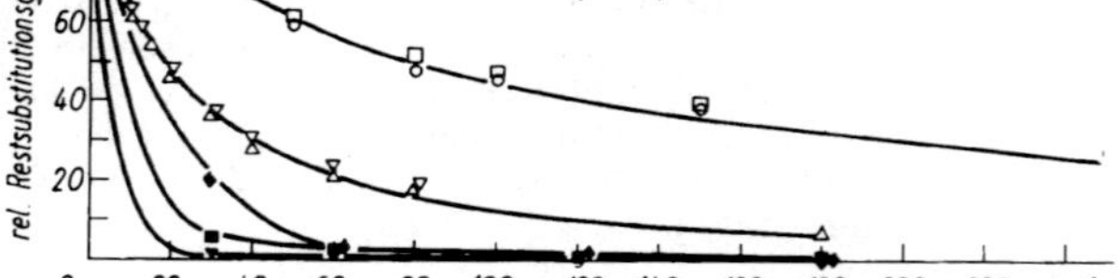

Bild 1. Spaltungsgeschwindigkeit verschiedener Cellulosederivate unter gleichen Bedingungen (20 mol-% DMSO; 0,5 n NaOH, 65 °C, Flotte 1:35)

Tabelle 1. Alkalische Spaltung der aktivierten Celluloseäther (Temperatur 65 °C)

Präparat	Reaktionsgemisch	Behandlungs-dauer [h]	γ-Wert vor der Behandlung		γ-Wert nach der Behandlung	
Cyanäthylierte Linters	0,5 n wäßrige NaOH	3	51,3 133,7 251,6		7,3 82,6 227,0	
Cyanäthylierte Linters	0,5 n NaOH in Wasser/DMSO (1 : 1)	0,5 1 2	133,7 133,7 133,7		1,7 1,3 0,6	
Cyanäthylierte Linters	0,5 n NaOH in Wasser/DMSO (1 : 1)	0,5 1 2	251,6 251,6 251,6		13,5 6,0 2,3	
Cyanäthylierter Cord	0,5 n NaOH in Wasser/DMSO	0,5 1 2	280,5 280,5 280,5		56,5 8,2 0,8	
Hydroxyäthylcellulose	0,5 n NaOH in Wasser/DMSO (1 : 1)	3	133		130	
Carboxymethylcellulose	0,5 n NaOH in Wasser/DMSO (1 : 1)	3	103		108	
			$\gamma CH_2CH_2CONH_2$ vor der Behandlung	$\gamma CH_2CH_2CONH_2$ nach der Behandlung	γCH_2CH_2COOH vor der Behandlung	γCH_2CH_2COOH nach der Behandlung
Amidäthylierte Linters	0,5 n NaOH in Wasser/DMSO (1 : 1)	0,5 3	3,5 3,5	0,0 0,0	0,2 0,2	1,0 1,0
Carboxyäthylcellulose	0,5 n NaOH in Wasser/DMSO (1 : 1)	0,5	5,5	0,0	16,0	11,0

gruppen anstelle der relativ langwierigen SG-Bestimmung im Rückstand die rascher durchführbare acidimetrische Titration des Alkaliverbrauches in der Behandlungsflotte treten kann. Den Einfluß eines unterschiedlichen DMSO-Zusatzes auf die Verseifungsgeschwindigkeit bei 3 h Verseifung mit 0,1 n NaOH und verschiedenen Temperaturen für ein Celluloseacetat und ein Cellulosecarbanilat zeigt Bild 2, wobei der relative Rest-SG gegen den DMSO-Anteil im Gemisch aufgetragen wurde. Die Bestimmung des SG erfolgte hierbei nur durch acidimetrische Titrationen.

Tabelle 2. DP-Veränderung bei der alkalischen Spaltung von Cyanäthylcellulose

Präparat	DP (Cuoxam) vor der Cyanäthylierung	DP (Cuoxam) nach der Cyanäthylierung-Decyanäthylierung
Linters	1530	1500 (Spaltungsdauer 0,5 – 6 h)
Cord	348	356 (Spaltungsdauer 0,5 – 3 h)

Tabelle 3. Cuoxam-DP-Werte verschieden verseifter Cellulosederivate

Ausgangs-probe	Verseift in DMSO 85 °C Acetat	Verseift in DMSO 85 °C Carbanilat	Verseift in Aceton 50 °C Acetat
1222	390	369	777
933	378	—	—

Bei ausreichend hohem DMSO-Anteil von ca. 70 mol-% im Reaktionsmedium läßt sich bei beiden Celluloseestern durch 3 h Behandlung mit 0,1 n NaOH bei Temperaturen zwischen 65 und 85 °C eine praktisch vollständige Verseifung erreichen, die allerdings im

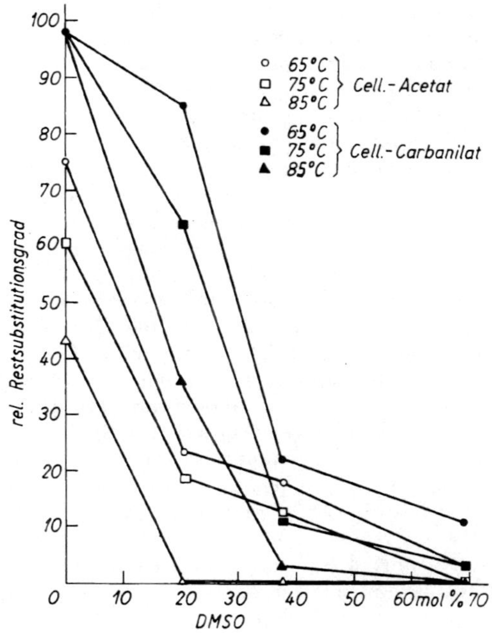

Bild 2. Einfluß von DMSO-Gehalt und Temperatur auf die Verseifungsgeschwindigkeit von Celluloseacetat und -carbanilat (0,1 n NaOH, Flotte 1 : 200, 3 h Verseifungszeit)

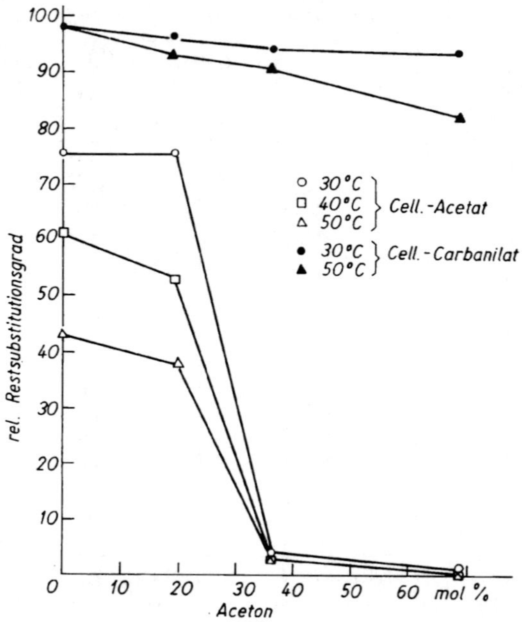

Bild 3. Einfluß von Aceton-Gehalt und Temperatur auf die Verseifungsgeschwindigkeit von Celluloseacetat und -carbanilat (0,1 n NaOH, Flotte 1:200, 3 h Verseifungszeit)

Gegensatz zur Spaltung der Cyanäthylcellulose mit einem erheblichen Kettenabbau verbunden ist (Tabelle 3). Ein Ersatz des DMSO im Reaktionsgemisch durch Aceton ermöglicht bei Celluloseacetat ebenfalls eine vollständige Verseifung unter den angegebenen Bedingungen, aber bei niedrigerer Temperatur (30 bis 50 °C), nicht dagegen bei Cellulosecarbanilat (Bild 3). Bei Cellulosenitrat führte eine Verseifung unter DMSO-Zusatz ebensowenig zu analytisch brauchbaren Ergebnissen wie frühere Versuche [14] zur Verseifung in einem rein wäßrigen Medium. In 0,5 n NaOH in einem DMSO/Wasser-Gemisch mit 20 mol-% DMSO trat sehr bald Auflösung des Cellulosenitrats unter intensiver Braunfärbung ein, und der Alkaliverbrauch lag ca. 50% über dem aus dem SG errechneten Wert.

Die Ursache für die Beschleunigung der alkalischen Spaltung verschiedener Celluloseester und -äther durch einen DMSO-Zusatz sehen wir keineswegs nur in einer Erhöhung der Geschwindigkeitskonstanten für den Spaltungsvorgang selbst, sondern vielmehr auch in einer Erhöhung der Benetzbarkeit und der Accessibilität der zum Teil ziemlich hydrophoben Cellulosederivate für das Reaktionsmedium. Einige orientierende kinetische Messungen weisen darauf hin, daß auch in Gegenwart von DMSO der Verlauf der Spaltung im wesentlichen diffusionsbestimmt ist. Auch der Verlauf der Spaltungsgeschwindigkeit bzw. des nach bestimmter Zeit erzielten Spaltungsgrades verschiedener Celluloseester bei steigendem DMSO-Anteil im Gemisch (vgl. Bild 2) steht mit diesen Überlegungen im Einklang, indem offenbar ein gewisser, für die einzelnen Derivate unterschiedlicher „Schwellenwert" des DMSO-Anteils überschritten sein muß, bevor eine starke Steigerung der Spaltungsgeschwindigkeit einsetzt. Die Beobachtung, daß mit KOH in gleicher molarer Konzentration anstelle von NaOH auch in Gegenwart von DMSO die Spaltung eines Celluloseesters nicht rascher, sondern langsamer verläuft, weist ebenfalls auf eine diffusionsbestimmte Reaktion hin, da bei den unter Mitwirkung von OH'-Ionen verlaufenden Homogenreaktionen in DMSO bzw. DMSO/Wasser-Gemischen bei Verwendung von KOH eine wesentlich stärkere Steigerung der OH'-Aktivität erfolgt als bei Einsatz von NaOH (vgl. [2]).

4. *Schlußfolgerungen*

Für eine umfassende reaktionskinetische Auswertung und Deutung reicht das vorliegende Versuchsmaterial nicht aus; es erlaubt jedoch einige praktische Schlußfolgerungen für die Celluloseanalytik: Bei Celluloseäthern ermöglicht ein DMSO-Zusatz eine vollständige und gleichzeitig schonende, d. h. ohne merklichen Kettenabbau verlaufende Spaltung zumindest in solchen Fällen, in denen das niedermolekulare Spaltstück durch Doppelbindungsbildung oder Umlagerung stabilisiert werden kann und gleichzeitig durch aktivierende Substituenten diese Abspaltung begünstigt wird. Gerade die Möglichkeit einer polymeranalogen Ätherspaltung dürfte in manchen Fällen von Vorteil sein, beispielsweise zur Aufstellung einer $[\eta]$-M-Beziehung mit der relativen Molekülmasse des nach der Spaltung erhaltenen Cellulosepräparats als Bezugsbasis. Bei verschiedenen Celluloseestern bietet die acidimetrische Bestimmung des Alkaliverbrauchs nach rascher und vollständiger Abspaltung der Säuregruppe im DMSO/Wasser-Medium unter heterogenen Bedingungen die Möglichkeit einer bequemen Schnellmethode zur Substitutionsgradbestimmung. Eine auf einem ähnlichen Prinzip beruhende Vorschrift zur acidimetrischen Essigsäurebestimmung im Celluloseacetat nach Lösen in DMSO und anschließender Verseifung durch NaOH-Zusatz wurde uns kürzlich durch eine Mitteilung von *Corbière* [15] bekannt und bestätigt unsere eigenen Befunde. Auch bei dem heute für physikochemische Arbeiten an Celluloselösungen interessanten Cellulosecarbanilat läßt sich dieses Prinzip mit Vorteil anwenden, um die verhältnismäßig langwierige Stickstoffbestimmung zu umgehen.

Unseren Mitarbeiterinnen Frau *Kostowa*, Fräulein *Stern* und Fräulein *Räder* danken wir für die sorgfältige Durchführung der präparativen und analytischen Arbeiten.

Literatur

[1] *Martin, D.*, *Weise, A.*, und *Niclas, H.-J.*: Das Lösungsmittel Dimethylsulfoxid. Angew. Chemie **79** (1967) S. 340–357.

[2] *Bockmann, T.*, *Haanäs, E.*, und *Ugelstad, J.*: Reaktionsfähigkeit von Alkalihydroxiden in Wasser/Dimethylsulfoxid-Gemischen. Tidsskrift Kjemi, Bergvesen, Mettalurgi **11** (1964) S. 209–215.

[3] *Vinson, J. A.*, *Fritz, J. S.*, und *Kingsbury, C. A.*: Quantitative determination of esters by saponification in dimethyl sulphoxide. Talanta **13** (1966) S. 1673–1677.

[4] *Lukanoff, T.*: Beiträge zur Cyanäthylierungsreaktion der Cellulose. 1. Mitt.: Temperaturabhängigkeit und zeitlicher Verlauf einer Einbadcyanäthylierung. Faserforsch. u. Textiltechnik **16** (1965) S. 77–83.
Compton, J., *Martin, W. H.*, *Word, B. H., jr.*, und *Barber, R. P.*: The cyanoethylation of cotton. Textile Res. J. **26** (1956) S. 47–66.

[5] *Touzinsky, G. F.:* The substituent group distribution in a Michael reaction. Carbamoethyl Cellulose. J. org. Chem., Easton **30** (1965) S. 426—428
Reinhardt, R. M., und *Bruno, J. S.:* Carboxyethylation of cotton by treatment with acrylamide. J. appl. Polymer Sci. **10** (1966) S. 387—397.
[6] *Staudinger, H.*, und *Daumiller, G.:* Über hochpolymere Verbindungen. 154. Mitt.: Untersuchungen an Celluloseacetaten und Cellulosen. Liebigs Ann. Chemie **529** (1937) S. 219—265.
[7] *Burchard, W.*, und *Husemann, E.:* Eine vergleichende Strukturanalyse von Cellulose- und Amylose-tricarbanilaten in Lösung. Makromol. Chemie **44** (1961) S. 358 bis 387.
[8] *Philipp, B.*, und *Linow, K.-J.:* Über eine Routinemethode zur Kettenlängenfraktionierung von Cellulosenitraten aus Holzzellstoffen, Alkalizellulosen und Regeneratfasern. Zellstoff u. Papier **14** (1965) S. 321 bis 326.
[9] *Philipp, B.*, *Rehder, W.*, und *Lang, H.:* Zur Carboxylgruppenbestimmung in Chemiezellstoffen. Papier **19** (1965) S. 1—9.
[10] *Wilson, K.:* Eine modifizierte Methode zur Bestimmung des aktiven Gehaltes und des Substitutionsgrades in Carboxymethylcellulose (CMC). Svensk Papperstidn. **63** (1960) S. 714—715.
[11] *Timell, T. E.*, und *Purvers, C. B.:* A study of the initial stages of the methylation of cellulose. Svensk Papperstidn. **54** (1951) S. 303—332.
[12] *Tesoro, G. C.*, und *Sello, St. B.:* Modified cellulose from saturated derivatives of activated vinyl compounds. Textile Res. J. **36** (1966) S. 158—168.
[13] *Lukanoff, T.:* Zur Umsetzung von Cellulosefasern mit Acrylnitril und Eigenschaften der erhaltenen Produkte. Chem. Vlakna, Svit (Chem. Fasern) **18** (1968) S. 69 bis 79.
[14] ,,Hydrolysis (Saponification) of Nitrocellulose". In: *E. Heuser*, The Chemistry of Cellulose. Wiley & Sons, New York/London: 1947, S. 218—222.
[15] *Corbière, J.:* Bestimmung des Essigsäuregehaltes von Celluloseacetaten. Arbeitsvorschrift der Société Rhodiaceta.

Eingegangen am 23. Januar 1969

Einfluß der Orientierung von Polyäthylenterephthalatfäden auf die Farbstoffaufnahme und die Strukturveränderungen während der Thermosolierung

Rudi Schroth

VEB Chemiefaserwerk Schwarza ,,Wilhelm Pieck", Rudolstadt/Thür., Bereich Forschung

DK 677.494.674'524'420:539.26:677.845:677.057.472

Das Thermosolverfahren hat gegenüber anderen Färbemethoden einige Vorteile. Bei geeigneten Färbebedingungen wirken sich Strukturunterschiede im Material nur gering auf die Gleichmäßigkeit der Färbung aus. Die bei der Thermosolierung stattfindenden Strukturveränderungen wurden ermittelt.

Влияние ориентации нитей из полиэтилентерефталата на сорбцию красителей и изменения структуры в процессе ,,Термозоль"

По сравнению с другими методами крашения термозольный способ обладает рядом преимуществ. При соответствующих условиях крашения различия в структуре материала оказывают лишь небольшое влияние на равномерность окраски. Приводятся данные об изменениях структуры, наблюдающихся в процессе ,,Термозоль".

Effect of Orientation in Polyethylene Terephthalate Yarns on the Dye Absorption and Structural Changes during Thermosol Processing

Compared with other dyeing methods, the Thermosol process offers some advantages in that structural inhomogenities in the fibre exert only small effects on the levelness of dyeings. The structural changes occuring during Thermosol processing were determined.

1. *Einleitung*

Zum Färben von Polyesterfaserstoffen gewinnt das Thermosolverfahren eine ständig steigende industrielle Bedeutung. Das Verfahren beruht darauf, daß auf das zu färbende Material Farbstoffe aufgeklotzt werden und nach der Trocknung der Faser eine Thermofixierung des Fasermaterials durchgeführt wird. Die üblichen Thermosolierungsbedingungen sind Fixiertemperaturen zwischen 180 und 220 °C, die Fixierzeiten liegen zwischen 0,5 und 2 min. Der Farbstoff dringt bei der Thermosolierung in die hocherhitzte Faser auf Grund der hohen Diffusionsgeschwindigkeit sehr leicht ein, so daß nur sehr kurze Thermosolierungszeiten benötigt werden. Die notwendigen Thermosolierungsbedingungen sind nach Literaturangaben [1 bis 6] insbesondere von der Vorbehandlung des zu färbenden Materials, von dem verwendeten Farbstoff (Molekülstruktur, rel. Molekülmasse, physikalische Form), deren Konzentration und den Färbereihilfsmitteln abhängig.

Aus der Literatur sind bisher keine Untersuchungen bekanntgeworden, die sich mit dem Einfluß der Faserorientierung auf die Thermosolierungseigenschaften von Polyesterfäden beschäftigen. Auch über die Strukturveränderungen der Fäden unter den Thermosolierungsbedingungen liegen nur wenige Angaben vor. Zur Ermittlung dieser Einflüsse wurden einige Untersuchungen an polyfilen Polyesterfeinseiden mit unterschiedlicher Reckung durchgeführt [7].

2. *Versuchsmethodik*

Für die Untersuchungen erwies es sich als vorteilhaft, daß der verwendete Thermosol-Farbstoff, Polyestrendruckblau G, bereits auf die gereckten Fäden [37 (36) tex] aufgetragen wurde. Durch diese Methode wurde erreicht, daß auch bei unterschiedlicher Reckung des Materials eine einheitliche Farbstoffkonzentration (mg/g Faser) auf den Fäden vorhanden war. Die Auftragung des Farbstoffs erfolgte zweckmäßig direkt an der Spinnmaschine gleichzeitig mit der

Präparierung. Es wurde eine fettfreie Präparation mit einer Farbstoffkonzentration von 5% angewendet. Die Auflage auf den Fäden betrug 9 mg Farbstoff/g Seide.

Die ungereckten und die an üblichen Reckzwirnmaschinen gereckten Fäden wurden in einem Labortrockenschrank mit Luftumwälzung unter verschiedenen Bedingungen fixiert. Die Entfernung des noch an der Faseroberfläche befindlichen Farbstoffes erfolgte durch mehrmaliges Waschen mit Sapallösung (2 g/l THM Schkopau WP konz.) bei 50 °C. Nach der Trocknung wurden die Fäden im Doppelmantelsoxhlet bis zur vollständigen Entfärbung mit Chloroform extrahiert und die Farbstoffmenge in dieser Lösung kolorimetrisch bestimmt. Durch diese Methode konnte die Farbstoffaufnahme bei der Thermosolierung der Fäden quantitativ verfolgt werden. Zur Ermittlung der Strukturveränderungen der Fäden durch die Thermosolierung wurden Kurzzeitfixierungen an einer Reckreihe durchgeführt, die keinen Farbstoffzusatz in der Präparation enthielten. Als Nachweismethoden für charakteristische Strukturveränderungen wurden die Faserdichte (Maßstab für die Kristallinität) und die Farbstoffaufnahme (Maßstab für Änderungen des amorphen Anteils) angewendet. Für die Bestimmung der Farbstoffaufnahme wurden die Fäden bei einem Flottenverhältnis von 1:100 und einem Farbstoffangebot von 4% unter Zusatz eines Dispergiermittels 30 min unter Rückfluß gekocht und die Restflottenkonzentration bestimmt. Die Bestimmung der Faserdichte erfolgte nach der Schwebemethode.

3. *Einfluß der Thermosoliertemperatur*

Der Einfluß der Thermosoliertemperatur auf die Farbstoffaufnahme verschieden gereckter Polyesterfäden bei einer Thermosolierzeit von 1 min ist in Bild 1 dargestellt. Die Kurven unterscheiden sich grundsätzlich von denen, die erhalten werden, wenn fixierte Seide nach dem üblichen Verfahren aus wäßriger Flotte gefärbt wird. So wird beim Färben nach dem Thermosolverfahren kein Minimum der Farbstoffaufnahme in Abhängigkeit von der Fixiertemperatur erhalten. Dieser Unterschied ist jedoch verständlich, weil beim Thermosolverfahren mit steigender Fixiertemperatur gleichzeitig die Färbetemperatur erhöht wird. Außerdem erfolgt die Diffusion des Farbstoffes gleichzeitig mit den Strukturveränderungen im Material, so daß günstigere Diffusionsbedingungen vorhanden sind. Oberhalb 180 °C findet selbstverständlich noch eine weitere Zunahme der Färbegeschwindigkeit statt, nur wirkt sich dies nicht merklich auf die Farbstoffaufnahmewerte aus, weil bereits fast der gesamte Farbstoff aufgezogen ist.

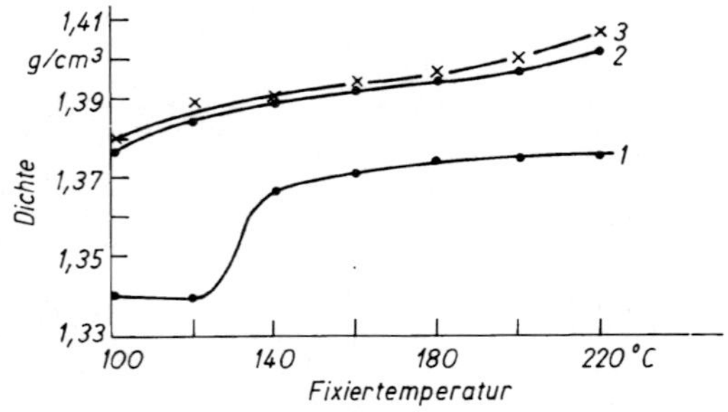

Bild 2. Einfluß der Fixiertemperatur auf die Faserdichte unterschiedlich gereckter Fäden
Fixierzeit = 1 min
1 = ungereckte Fäden
2 = Reckverhältnis 1:3
3 = ,, 1:4

In Bild 1 ist auffällig, daß in ungereckten Fäden die Farbstoffaufnahme bereits bei sehr niedrigen Temperaturen erfolgt. Bei 100 °C ist die Thermodiffusion schon so groß, daß in 1 min über die Hälfte des Farbstoffes in die Fäden eindiffundiert ist. Die Thermosolierung beginnt dagegen bei gereckter Seide erst ab 120 °C, also bei ca. 50 grd höheren Temperaturen.

Die Differenzen in den Thermosolierungseigenschaften ungereckter und gereckter Fäden sind nicht allein auf die Orientierungsunterschiede zurückzuführen. Wie aus Bild 1 hervorgeht, wird z. B. bei Erhöhung des Reckverhältnisses von 1:3 auf 1:4 die Farbstoffaufnahme relativ wenig beeinflußt. Es ist deshalb anzunehmen, daß außer der Orientierung auch die Kristallinität und die Kristallstruktur einen wesentlichen Einfluß ausüben. Ein Vergleich mit den Dichtewerten (Bild 2) zeigt, daß bei der Kurzzeitfixierung von 1 min die Kristallisation der ungereckten Fäden erst oberhalb 120 °C beginnt. Die Kristallisationsverzögerung kommt hierbei durch die notwendige Kristallkeimbildung zustande. In gereckter Seide sind bereits ausreichend Kristallite vorhanden, so daß das Material schon bei Temperaturen unter 120 °C den bekannten Dichteanstieg zeigt.

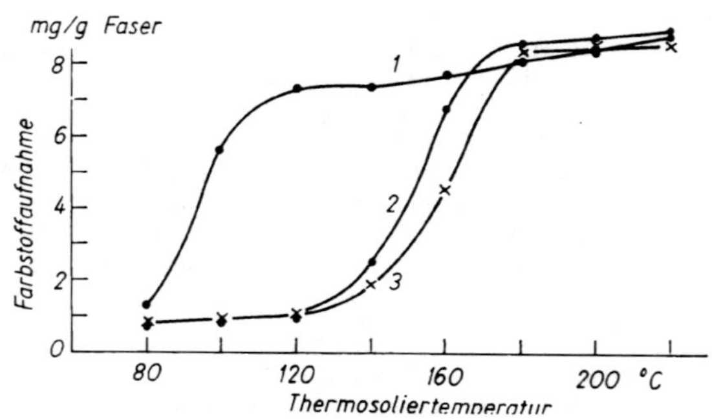

Bild 1. Einfluß der Thermosoliertemperatur auf die Farbstoffaufnahme unterschiedlich gereckter Fäden
Thermosolierzeit = 1 min
1 = ungereckte Fäden
2 = Reckverhältnis 1:3
3 = ,, 1:4

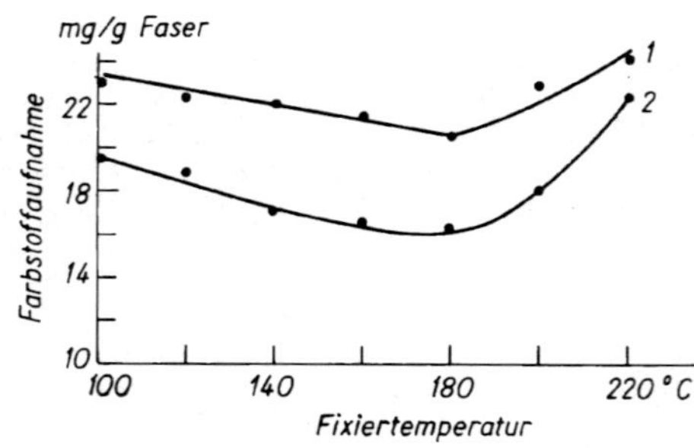

Bild 3. Einfluß der Fixiertemperatur auf die Farbstoffaufnahme unterschiedlich gereckter Fäden beim Färben aus wäßriger Lösung
Fixierzeit = 1 min
1 = Reckverhältnis 1:3
2 = ,, 1:4

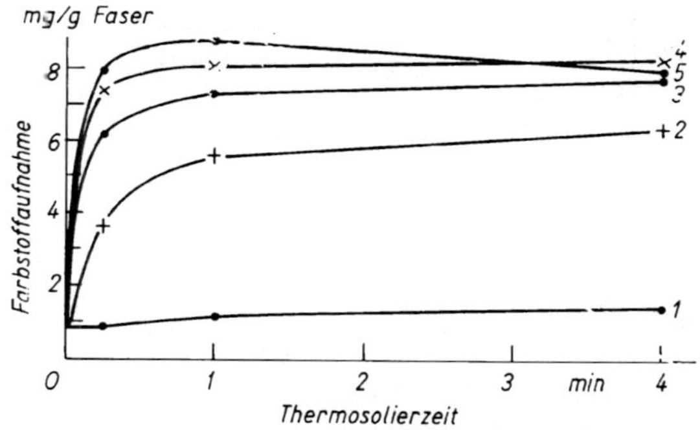

Bild 4. Einfluß der Thermosolierungszeit auf die Farbstoffaufnahme ungereckter Fäden bei verschiedenen Temperaturen
1 = 80 °C — 2 = 100 °C — 3 = 120 °C — 4 = 180 °C — 5 = 220 °C

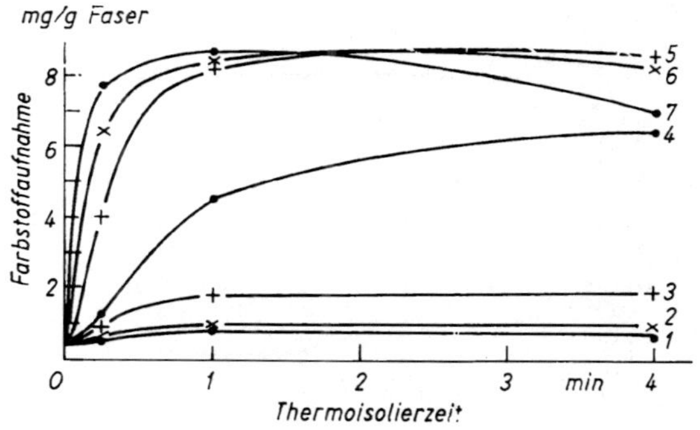

Bild 5. Einfluß der Thermosolierungszeit auf die Farbstoffaufnahme 1:4 gereckter Fäden bei verschiedenen Temperaturen
1 = 100 °C — 2 = 120 °C — 3 = 140 °C — 4 = 160 °C — 5 = 180 °C — 6 = 200 °C — 7 = 220 °C

Nach dem Färben der fixierten Seiden mit Cibacetblau RF ergaben sich für die gereckten Seiden die in Bild 3 dargestellten Ergebnisse. Bekanntlich ist das Farbstoffaufnahmeminimum identisch mit dem Fixieroptimum [8]. Aus dem Kurvenverlauf der gereckten Seiden kann deshalb abgeleitet werden, daß Thermosoliertemperaturen über 180 °C sich nachteilig auf die textilen Eigenschaften der behandelten Materialien auswirken.

4. *Einfluß der Thermosolierungszeit*

In weiteren Untersuchungen wurde der Einfluß der Thermosolierungszeit auf die Farbstoffaufnahme ungereckter und gereckter Polyesterfäden bei verschiedenen Temperaturen ermittelt. Die Bilder 4 und 5 zeigen die Ergebnisse. Wie erwartet, ist die Thermosolierungsgeschwindigkeit in der ungereckten Seide wesentlich größer als in der gereckten Seide. Nach einer Thermosolierzeit von ca. 1 min wird bei allen Temperaturen bereits ein etwa konstanter Wert erreicht, der sich bei weiterer Zeitverlängerung nur noch wenig ändert.

Die Abnahme der Farbstoffaufnahme mit der Thermosolierzeit bei hohen Temperaturen ist offensichtlich auf Sublimationsverluste zurückzuführen. Aufschlußreich ist ein Vergleich mit den Dichtewerten des fixierten Materials in Bild 6. Auch hier wird nach 1 min thermischer Behandlung ein etwa konstanter Wert erreicht. Bekanntlich wird bei der Fixierung die bestehende Kristallstruktur des Materials teilweise oder vollständig beseitigt und durch eine neue, mit einem meist höheren Ordnungsgrad, ersetzt. Der Farbstoff hat also bei der Thermosolierung die Möglichkeit, während der Strukturumwandlung nicht nur in die nichtkristallinen, sondern auch in die sich neu bildenden kristallinen Bereiche einzudringen. Wahrscheinlich liegt darin eine Ursache für die sehr hohe Diffusionsgeschwindigkeit der Farbstoffe und die hohen Farbstoffaufnahmewerte bei der Thermosolierung von Polyesterfäden. Gestützt wird diese Vermutung dadurch, daß die Veränderung der Farbstoffaufnahme und der Dichte einen ähnlichen Verlauf mit steigender Fixierzeit aufweisen. Es konnte nachgewiesen werden, daß bei der Thermosolierung vorher fixierter Fäden die Diffusionsgeschwindigkeit der Farbstoffe tatsächlich wesentlich geringer ist.

Im Vergleich zur Farbstoffaufnahme bei der Thermosolierung spielt die Fixierzeit bei Anwendung des üblichen Färbeverfahrens keine so große Rolle. Bei Verwendung von Cibacetblau RF beim Färben aus wäßriger Lösung wurden beispielsweise die in Bild 7 dargestellten Ergebnisse erhalten. Die Ausbildung eines Minimums bei einer Fixiertemperatur von 180 °C ist sehr aufschlußreich für die Deutung der Umstrukturierungsprozesse während der Fixierung [7].

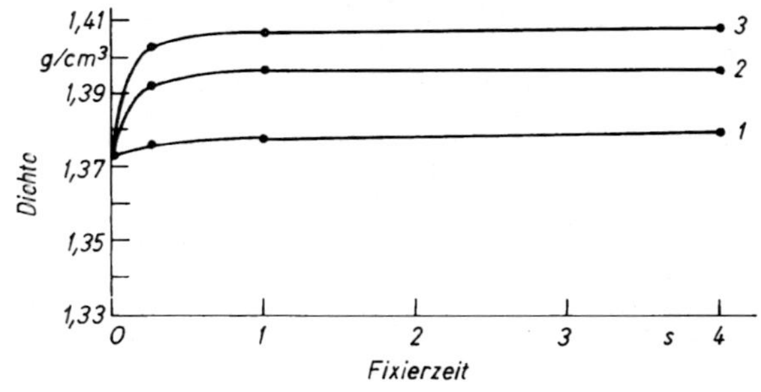

Bild 6. Einfluß der Fixierzeit auf die Faserdichte 1:4 gereckter Fäden bei verschiedenen Fixiertemperaturen
1 = 100 °C — 2 = 180 °C — 3 = 220 °C

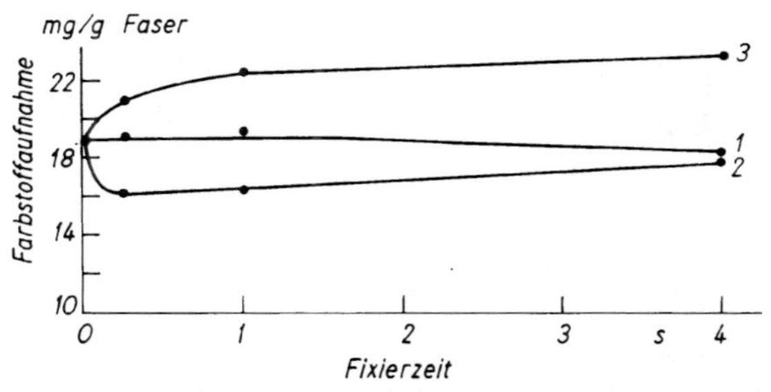

Bild 7. Einfluß der Fixierzeit auf die Farbstoffaufnahme aus wäßriger Lösung bei verschiedenen Temperaturen. Reckverhältnis 1:4
1 = 100 °C — 2 = 180 °C — 3 = 220 °C

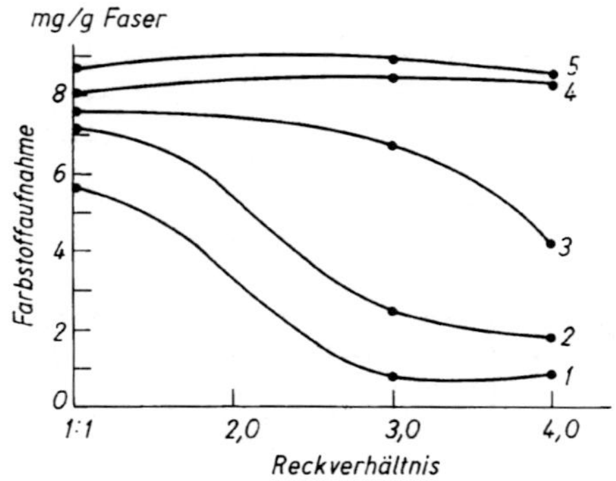

Bild 8. Einfluß des Reckverhältnisses auf die Farbstoffaufnahme bei verschiedenen Thermosolierungstemperaturen
Thermosolierungszeit = 1 min
1 = 100 °C — 2 = 140 °C — 3 = 160 °C — 4 = 180 °C — 5 = 220 °C

5. *Einfluß der Reckung*

Wie bereits erwähnt, kann sich das Reckverhältnis bzw. der Orientierungsgrad des Materials in großem Maße auf die Thermosolierungseigenschaften auswirken. Bild 8 zeigt den Einfluß des Reckens auf die Farbstoffaufnahme der Fäden bei verschiedenen Thermosolierungstemperaturen. Wichtig für die Praxis ist hierbei, daß bei hohen Thermosolierungstemperaturen (über 180 °C) die Farbstoffaufnahme unabhängig vom Orientierungsgrad der Fäden ist. Reckungsunterschiede können sich deshalb kaum auf die Färbegleichmäßigkeit auswirken. Der Grund für diese Tatsache liegt darin, daß ab 180 °C nach einer Thermosolierzeit von ca. 1 min bei allen Reckgraden die maximale Farbstoffaufnahme erreicht ist. Es muß jedoch darauf hingewiesen werden, daß z. B. bei Verwendung anderer Farbstoffe bzw. anderer Farbstoffgruppen oder eines Materials mit anderer Elementarfadenfeinheit die günstigsten Thermosolierungsbedingungen unterschiedlich sein können. Beim Färben aus wäßriger Lösung ist im Gegensatz zur Thermosolierung eine starke Abhängigkeit der Farbstoffaufnahme vom Reckverhältnis der Fäden vorhanden. In diesem Unterschied liegt ein wesentlicher Vorteil des Thermosolverfahrens, weil

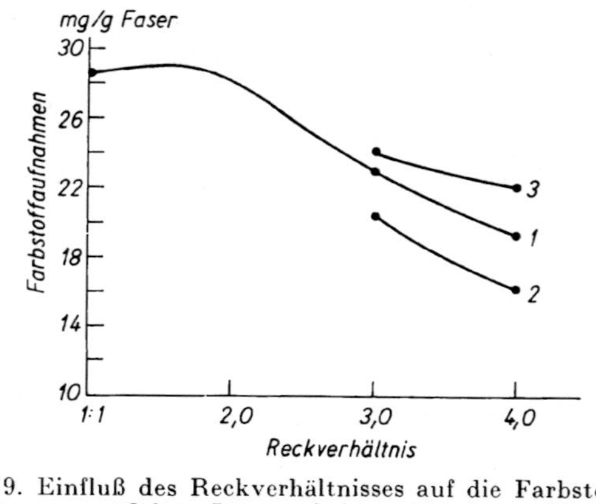

Bild 9. Einfluß des Reckverhältnisses auf die Farbstoffaufnahme aus wäßriger Lösung bei verschiedenen Fixiertemperaturen
Fixierzeit = 1 min
1 = 100 °C — 2 = 180 °C = 3 = 220 °C

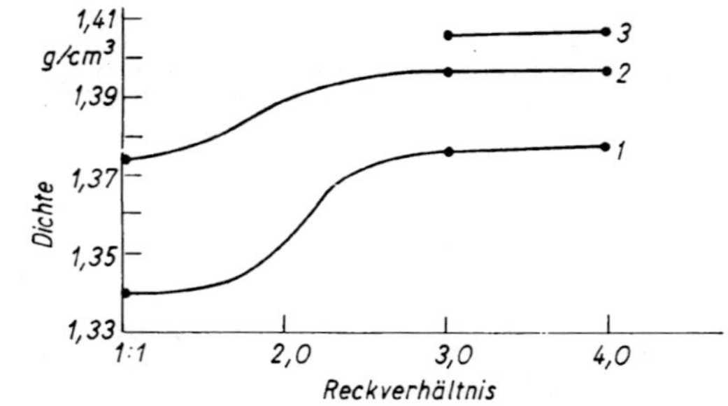

Bild 10. Einfluß des Reckverhältnisses auf die Faserdichte bei verschiedenen Fixiertemperaturen
1 = 100 °C — 2 = 180 °C — 3 = 220 °C

Strukturunterschiede im Material (Orientierung, Kristallinität und Kristallstruktur) sich nicht oder nur gering auf die Gleichmäßigkeit der Anfärbung auswirken. In Bild 10 ist der Einfluß des Reckverhältnisses der Fäden auf die Faserdichte nach den Kurzzeitfixierungen bzw. Thermosolierungen dargestellt. Interessant ist für die Praxis, daß im interessierenden Reckbereich von 1 : 3 bis 1 : 4 bei gleicher Fixiertemperatur keine merklichen Dichteunterschiede auftreten, die zu Unterschieden im Farbstoffaufnahmevermögen führen könnten.

Für die beratende Unterstützung bei der Durchführung der Arbeiten bin ich Herrn Prof. Dr. *G. v. Hornuff* sehr dankbar.

Zusammenfassung

Der Orientierungsgrad von Polyesterfäden ist von Einfluß auf die Thermodiffusion der Farbstoffe bei der Thermosolierung. Ungereckte amorphe Fäden können bereits unter 100 °C thermosoliert werden. Der Einfluß von Temperatur und Zeit auf die Farbstoffaufnahme bei der Thermosolierung unterschiedlich gereckter Fäden wurde untersucht. Charakteristische Strukturveränderungen des Materials während des Färbprozesses konnten nachgewiesen werden.

Literatur

[1] *Kuth, H.:* Das Färben von Geweben aus Polyesterfasern und deren Mischgespinsten mit Baumwolle bzw. Wolle nach dem Thermosolverfahren. SVF-Fachorg., Basel **16** (1961) S. 562—572.
[2] *Thurner, K.,* und *Würz, A.:* Untersuchungen über das Thermosolfärben von Polyesterfasern und Polyesterfasermischungen. Melliand Textilber. **47** (1966) S. 73 bis 81; S. 182—189; S. 299; S. 414.
[3] *Hausdorf, F.:* Vergleichende Versuche über verschiedene Thermosolierungsmöglichkeiten beim Färben von Polyestergeweben. Melliand Textilber. **44** (1963) S. 67—69.
[4] *Beckmann, W.,* und *Kuth, R.:* Das Färben von synthetischen Fasern nach dem Thermosolverfahren Bayer-Farben-Rev., Leverkusen (1962) S. 38—44.
Beckmann, W., und *Wunder, W.:* Zum Verhalten von Dispersionsfarbstoffen beim Thermosolverfahren. Melliand Textilber. **42** (1961) 2, S. 198—205.
[6] *Tullio, V.:* Das Thermosolfärben von Polyester-Baumwollmischungen. Amer. Dyestuff. Rep. **55** (1966) 11, S. 45—52.
[7] *Schroth, R.:* Feinstrukturänderungen in Polyesterfeinseiden durch thermische Einflüsse während der Verstreckung und Weiterverarbeitung. Dissertation TU Dresden 967.
[8] *Petzold, H,:* Über das thermische Verhalten von Polyesterfasern und dessen Einflüsse auf die Veredlung. Dissertation TU Dresden 1959.

Eingegangen am 14. Januar 1969

Faserforschung und Textiltechnik 20 (1969) Heft 8

Über Veränderungen der Feinstruktur von Polyacrylnitrilfasern bei der Reckung und der thermischen Behandlung

2. Mitteilung

Günther v. Hornuff und Ingrid Grosse[1])

DK 677.494.745.32:677.494.021.97:677.494.021.925:539.26

3. Strukturuntersuchungen an der thermisch behandelten Reckreihe der PVY-Faser RC 5541

3.1. Das Wesen der Verfärbung von PVY beim Erhitzen

Beim Erhitzen von PVY tritt eine Gelbfärbung auf, die bei stärkerer Temperaturbehandlung in ein Braun, eventuell sogar in ein Schwarz übergeht. Über die Natur dieser Verfärbung gibt es im wesentlichen zwei Meinungen [17, 24, 18, 25].

In diesem Zusammenhang soll nicht entschieden werden, welcher Auffassung der Vorzug gegeben werden soll. Wir wollten feststellen, wie sich eine Erhitzung auf die chemisch-physikalischen Eigenschaften unterschiedlich gereckter Fasern auswirkt.

3.2. Charakteristik der Fasern

Die Reckreihe der PVY-Faser RC 5541, angefertigt an der Modellspinnanlage im Institut für Faserstoff-Forschung in Teltow-Seehof, wurde 1 und 5 h auf 120, 140, 160, 180 und 200°C erhitzt. Dabei trat eine Verfärbung über gelb nach braun auf, die in Bild 25 quantitativ erfaßt wurde. Hierbei wurde das am Leukometer (VEB Carl Zeiss Jena) gemessene Verhältnis des vom Körper zurückgestrahlten zum auffallenden Lichtstrom $\varrho_{o/d}$ über der Behandlungstemperatur aufgetragen.

Zwischen den einzelnen Reckstufen waren keine Unterschiede in der Verfärbung zu erkennen.

3.3. Mikroskopische Untersuchungen

Die mikroskopische Erscheinungsform der temperaturbehandelten Faser zeigt im Querschnitt keine bemerkenswerten Veränderungen im Vergleich zur unbehandelten Faser. Die Radialkapillaren waren noch vorhanden.

3.4. Röntgenuntersuchungen

Bei der Auswertung der Röntgenaufnahmen wie auch aller anderen Versuchsergebnisse erweist es sich als notwendig, das Verhalten der Reckreihe bei der jeweiligen Temperatur zu beachten. Zugleich können interessante Zusammenhänge gewonnen werden, wenn man die Veränderungen einer Reckstufe bei steigender Temperatureinwirkung untersucht.

Die Auswertung der Röntgenaufnahmen in dieser Weise (Bilder 21 und 22) läßt erkennen:

Bei allen Temperaturen nimmt die *Halbwertsbreite* mit der Reckung ab, d. h. trotz der Temperaturbehandlung bleibt die Orientierungszunahme der Fasern mit der Reckung erhalten. Bei den einzelnen Reckungen sind mit steigender Temperatur jedoch charakteristische Veränderungen festzustellen.

[1]) Auszug aus der Dissertation Dipl.-Chem. *Ingrid Grosse*, Mathematisch-naturwissenschaftliche Fakultät der Technischen Universität Dresden 1968. 1. Mitt. s. d. Z. **20** (1969) 7, S. 309–316.

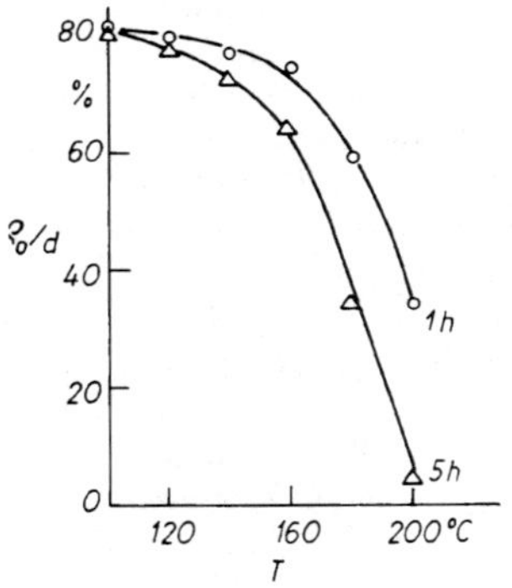

Bild 20. Verfärbung von PVY-Fasern (RC 5541) beim Erhitzen

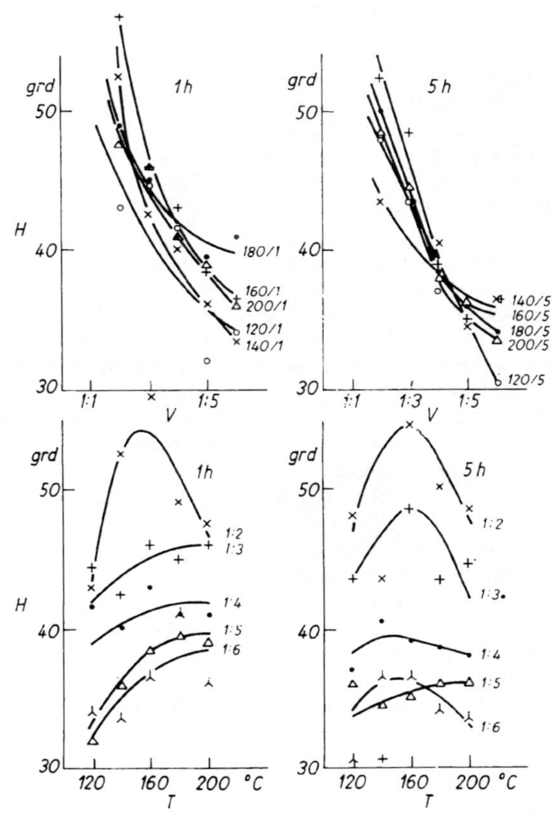

Bild 21. Halbwertsbreite von temperaturbehandelten PVY-Fasern (RC 5541)

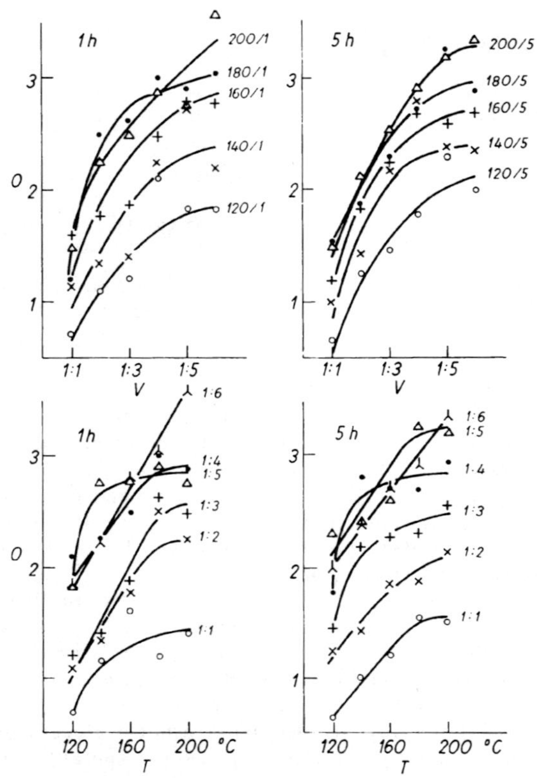

Bild 22. Ordnungsgrad von temperaturbehandelten PVY-Fasern (RC 5541)

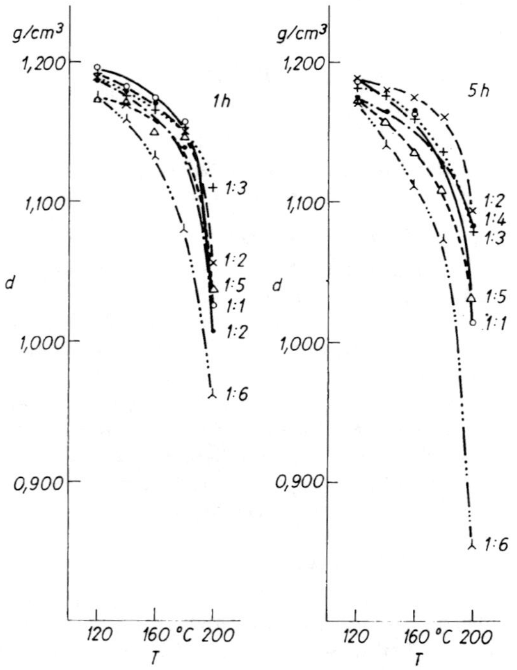

Bild 23. Dichte von PVY-Fasern (RC 5541) in Abhängigkeit von der Erhitzungstemperatur

Die niedriggereckten Fasern durchlaufen ein Maximum der Halbwertsbreite, also ein Minimum der Orientierung, bei 160 °C. Je länger die Temperatureinwirkung andauert, desto größer ist die Reckung, bei der noch ein solcher Verlauf auftrat. Nach 1 h Erhitzung zeigt nur die Stufe 1 : 2 diese Desorientierung bis 160 °C, nach 5 h Temperatureinwirkung wiesen alle zur Verfügung stehenden Reckungen (bis auf 1 : 5) ein Maximum der Halbwertsbreite bei dieser Temperatur auf.

Das bedeutet also, daß niedrig gereckte PVY-Fasern bei steigenden Temperaturen eine Desorientierung durchmachen, die ihr Maximum bei 160 °C erreicht. Oberhalb dieser Temperatur wird die Entorientierung geringer. Nach Erhitzen auf 200 °C ist der Unterschied zur Halbwertsbreite der Ausgangsfaser nur noch gering. Höhere Reckungen zeigen das Maximum der Desorientierung nach 1 h Erhitzen noch nicht, die Halbwertsbreite nimmt bis 200 °C zu, scheint aber einen Grenzwert anzustreben. Nach längerer Temperatureinwirkung bildet sich auch bei höheren Reckungen dieses Minimum der Orientierung.

Der *Ordnungsgrad* aller temperaturbehandelten Reckungsreihen steigt mit dem Recken und mit der Behandlungstemperatur (Bild 12). Es wird ein Grenzwert der Ordnung innerhalb der Reckreihen für Reckungen über 1 : 6 erreicht.

Die Einwirkung steigender Temperaturen zeigt, daß zwischen 160 und 180 °C der Zuwachs des Ordnungsgrades geringer wird und dieser einem Grenzwert zustrebt. Lediglich für die sechsfach gereckte Faser ist noch kein Abflachen der Kurve bei 200 °C festzustellen.

3.5. *Dichtemessungen*

3.5.1. *Schwebedichte*

Die Dichte der PVY-Faser RC 5541, die mit Hilfe der Schwebemethode gemessen wurde, sinkt nach einer Temperaturbehandlung sehr stark ab (Bild 23). Besonders steil ist dieser Abfall nach höheren Temperaturbehandlungen bei der ungereckten und der sechsfach gereckten Faser. Die Behandlungszeit scheint eine geringere Rolle zu spielen, zumindest dann, wenn sie länger als 1 h dauert.

Trägt man die Dichteänderung über der Reckung bei konstanter Temperatur auf (Bild 24), so zeigt es sich, daß sich die Dichte bei Einwirkung niedriger Temperaturen nur relativ wenig mit dem Recken ändert. Diese Änderung wird mit zunehmender Behandlungstemperatur größer. Es wird ein Dichtemaximum ausgebildet, das mit steigender Temperatur immer ausgeprägter wird. Dieses Maximum liegt bei der Reckung 1 : 3. Nach 1 h Hitzbehandlung wurde es erst bei 200 °C beobachtet. 5 h Erhitzen bewirkte die Ausbildung des Maximums schon bei 140 °C.

Die Dichteabnahme kann nicht mit einer Gewichtsabnahme oder Volumenvergrößerung gedeutet werden. Der Gewichtsverlust beträgt nach 5 h Erhitzen auf 200 °C etwa 1,4% für alle Reckungen. Mit der Temperaturbehandlung tritt keine Volumenvergrößerung, sondern im Gegenteil eine Schrumpfung ein.

Die einleuchtendste Erklärung für die Dichteabnahme beim Erhitzen dürfte sein, daß anfänglich noch offene Poren durch Sinterungsvorgänge ver-

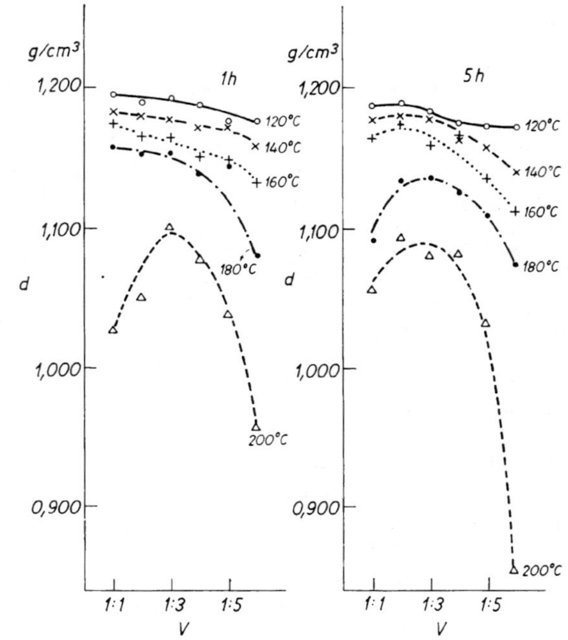

Bild 24. Dichte von PVY-Fasern (RC 5541) in Abhängigkeit von der Reckung

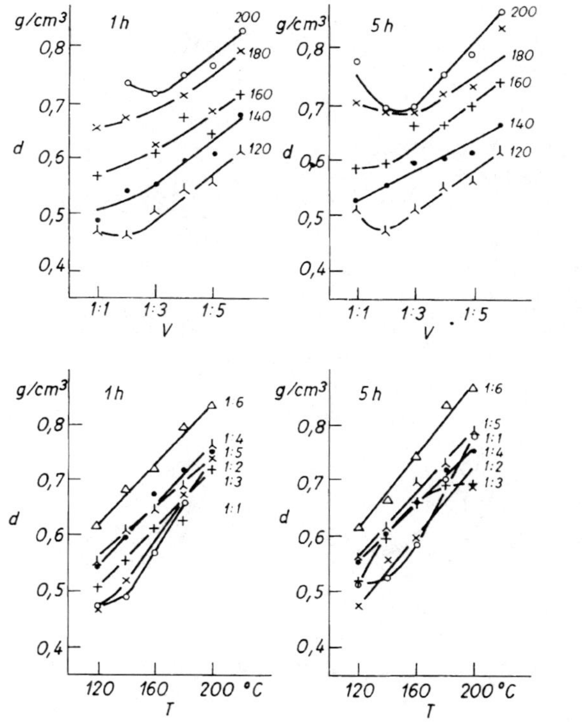

Bild 25. Quecksilberdichte von temperaturbehandelten PVY-Fasern (RC 5541)

schlossen werden. Dieser Porenverschluß muß in einer Beziehung zum Recken stehen und war bei der dreifachen Reckung am geringsten.

3.5.2. Scheinbare Faserdichte

Im Gegensatz zur Schwebedichte steigt die Dichte, die mit der Quecksilbermethode bestimmt wurde, mit der Reckung und mit der Behandlungstemperatur an (Bild 25). Der Anstieg war ziemlich gleichförmig. Bei hohen Behandlungstemperaturen nimmt die Dichte mit dem Recken zuerst ab, um dann wieder anzusteigen. Das Minimum der scheinbaren Dichte liegt bei der Reckung 1 : 3.

Der Dichteanstieg kann bis zu einem gewissen Grade durch die Schrumpfung der Faser beim Erhitzen erklärt werden. Die Schrumpfung im Faserdurchmesser beträgt aber nach 5 h Temperaturbehandlung bei 200 °C nur etwa 20 bis 25%, die Dichtezunahme dagegen über 40%. Wahrscheinlich ist es so, daß die Faser durch chemische Veränderungen und durch Änderung von Bindungsverhältnissen und Hohlraumstrukturen ein dichteres Gefüge erhält, als es makroskopisch durch die Abnahme des Faserdurchmessers bei nahezu konstantem Gewicht zum Ausdruck kommt.

3.5.3. Abschätzung des Hohlraumvolumens

Es zeigt sich, daß das Porenvolumen durch Temperaturbehandlung kleiner wird (Bild 26). Besonders stark war der Rückgang des Porenvolumens bei den hohen Reckungen. Die Volumenverminderung war bei niedrigen Erhitzungstemperaturen gering und verlief fast linear mit dem Recken. Bei höheren Temperaturen war die Abnahme des Porenvolumens bei den niedrig- und den hochgereckten Fasern besonders groß. Das größte Hohlraumvolumen der stark erhitzten Fasern hatte die Reckung 1 : 3.

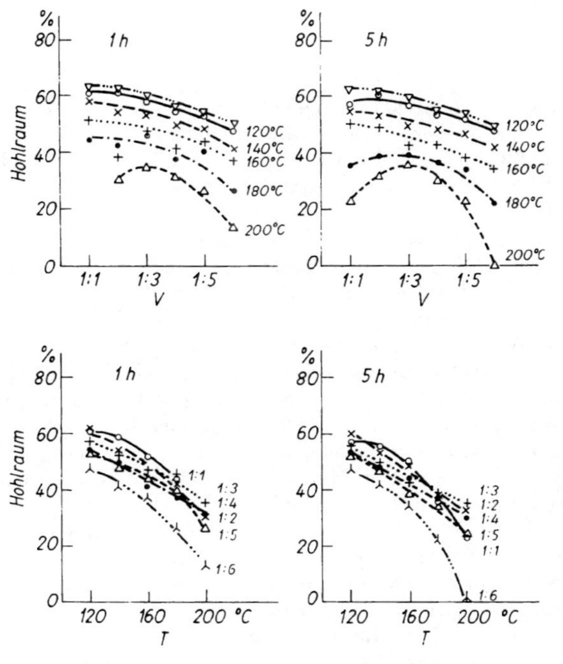

Bild 26. Veränderung des scheinbaren Porenvolumens der PVY-Faser RC 5541 beim Erhitzen

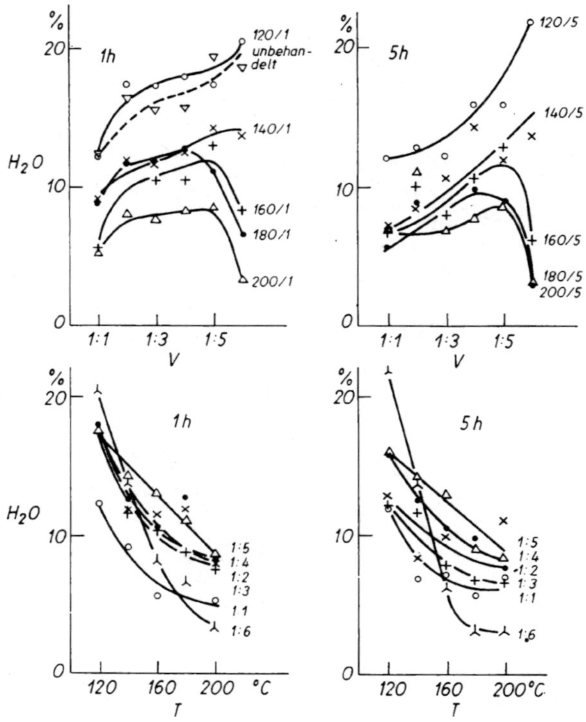

Bild 27 Sorption von Wasserdampf (100% rel. F. bei 20°C) durch temperaturbehandelte PVY-Fasern (RC 5541)

Diese Berechnung des Porenvolumens kann nur als grobe Näherung betrachtet werden. Das wurde daran deutlich, daß bei der 1 : 6 gereckten Faser nach 5 h Temperatureinwirkung von 200 °C nach Bild 26 keine Poren mehr vorhanden sein dürften. Mikroskopische Aufnahmen zeigen aber auch bei dieser Faser noch die Radialkapillaren.

3.6. *Wasserdampfsorption*

Es sei nochmals bemerkt, daß die für die PVY-Fasern gemessenen Sorptionswerte bei 100% rel. Feuchte keine Gleichgewichtswerte sind, sondern die nach 7 Tagen Sorptionszeit adsorbierte Wassermenge darstellen.

Mit steigender Erhitzungstemperatur nimmt die Sorptionsfähigkeit aller Reckstufen für Wasserdampf ab (Bild 27). Besonders auffallend ist die starke Abnahme bei der 6fach gereckten Faser. Im unbehandelten Zustand hatte sie die höchste Sorptionsfähigkeit, nach Erhitzen auf hohe Temperaturen zeigte sie die niedrigsten Werte. Bei 5 h Hitzeeinwirkung scheint mit der Temperatur 180 °C ein unterer Grenzwert des Sorptionsvermögens erreicht zu sein.

Die Abhängigkeit der Wasseraufnahme von der Reckung bei unterschiedlich hoch erhitzten Fasern wird ebenfalls in Bild 27 dargestellt. Auf 120 und 140 °C erhitzte Fasern zeigen einen Anstieg der Wasserdampfsorption mit der Reckung. Bei höheren Temperaturen stiegen die Sorptionswerte nur bis zur Reckung 1 : 5, um dann sehr stark abzufallen.

Die derart abrupte Änderung der Sorptionswerte bei der 6fachen Reckung läßt vermuten, daß die Unzugänglichkeit des Polymeren für Wasser gerade bei dieser Reckung stark zunimmt. Das steht aber nicht im Einklang mit anderen Meßergebnissen.

3.7. *Wasserrückhaltevermögen*

Das WRV nimmt bei gleicher Reckstufe linear mit der Erhitzungstemperatur ab. Dagegen war der Verlauf in Reckungsabhängigkeit bei konstanter Erhitzungstemperatur nicht so gleichförmig (Bild 28).

Beim Erhitzen der Faser auf 120 °C hatte die Reckung 1 : 1 ein geringeres WRV als 1 : 2, danach sank das WRV wieder gleichförmig mit der Reckung ab. Bei 140 und 160 °C trat diese Unstetigkeit bei 1 : 1 nicht mehr auf. Höhere Temperaturen bewirkten aber wiederum die Bildung eines Maximums für das WRV, das diesmal zwischen den Reckungen 1 : 2 und 1 : 3 lag.

Die Abnahme des WRV mit steigender Behandlungstemperatur steht in Übereinstimmung mit dem abnehmenden Hohlstellengehalt.

3.8. *Kraft-Dehnungs-Verhalten*

Aus dem Kurvenverlauf der KDD läßt sich folgendes ableiten: Die schon bei den unbehandelten PVY-Fasern RC 5541 getroffene Festellung, daß Fasern, die weniger als 1 : 4 gereckt waren, keine Unterscheidung von Fließ- und Nachfließbereich mehr zulassen, wird bestätigt.

Die Temperaturbehandlung übt darauf einen Einfluß aus. Bereits nach 1 h bei 140 °C sind bei der Reckung

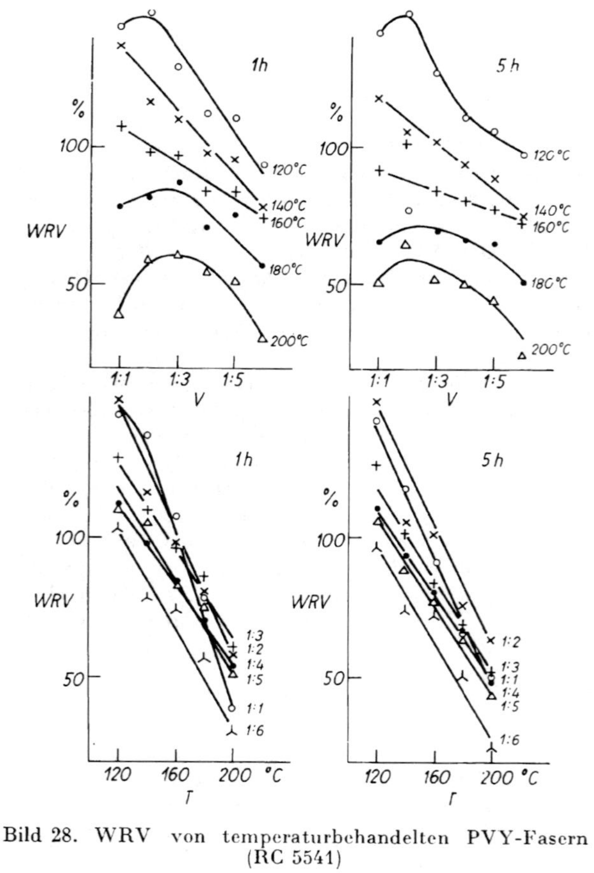

Bild 28. WRV von temperaturbehandelten PVY-Fasern (RC 5541)

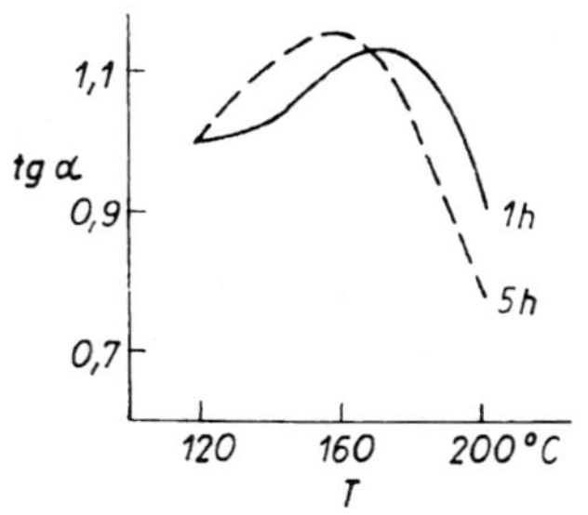

Bild 29
Steigung der Geraden „Reißkraft und Reckung" in Temperaturabhängigkeit bei PVY-Fasern (RC 5541)

1 : 4 die beiden Bereiche nicht mehr trennbar. Für das Recken 1 : 5 ist das nach 1 h bei 160 °C der Fall, und nach 1 h Erhitzen auf 200 °C zeigt auch die 1 : 6 gereckte Faser keinen Knickpunkt mehr zwischen Fließ- und Nachfließbereich.

Als typisch kann auch das Anwachsen des *Hooke*schen Bereichs sowohl mit zunehmender Reckung als auch mit wachsender Temperatur bezeichnet werden.

Die Reißkraft ist abhängig von der vorhergegangenen Erhitzung (Bild 29). Mit zunehmender Temperatur bildet sich bei konstanter Reckung ein Maximum heraus, das durch 5 h Erhitzen stärker ausgeprägt war als nach 1 h. Das Maximum liegt zwischen 160 und 180 °C. Die niedrigen Reckungen 1 : 1 und 1 : 2 durchlaufen bei dieser Temperatur einen Wendepunkt. Während also bei hochgereckten Faserstoffen die Reißkraft sinkt, wenn die Fasern auf mehr als 180 °C erhitzt werden, steigt sie bei niedriggereckten weiter an.

Durch Auftragen der Reißkraft über der Reckung bei konstanter Temperatur (Bild 30) erhält man eine Schar von Geraden. Der Anstieg dieser Geraden in Abhängigkeit von der Erhitzungstemperatur zeigt einen interessanten Verlauf (Bild 31).

Je geringer die Reckung ist, einen um so größeren Einfluß übt die vorangegangene Temperaturbehandlung auf die Reißdehnung aus (Bild 29). Außer der ungereckten Faser durchlaufen alle anderen Reckstufen ein Maximum der Reißdehnung bei 160 °C. Für die höchstgereckte Faser (1 : 6) ist dieses Maximum sehr flach. Mit sinkender Reckung nimmt die Reißdehnung bei Erhitzen über 160 °C immer stärker ab. Bei der ungereckten Faser ist diese Abnahme fast linear mit dem Recken. Nach 5 h Erhitzen der Faser auf über 160 °C ist die Abnahme der Reißdehnung bei allen Reckungen sehr stark.

Für die unbehandelten PVY-Fasern war eine Änderung der Reißdehnung mit der Reckung gefunden worden, die in keinem eindeutigen Zusammenhang mit der Reckung stand. Dieser Verlauf wird auch noch bei Fasern gefunden, die auf 120 °C erhitzt worden waren (Bild 30). Bei höherer Temperatureinwirkung ändert sich das Bild. Es ist gekennzeichnet durch die Ausbildung eines Maximums der Dehnung, das für 1 h Behandlungszeit bei der Reckung 1 : 4 lag. Höhere Reckungen bewirken nur einen geringen Rückgang der Dehnung.

Die Reißkraft wächst also bei allen Temperaturen proportional mit der Reckung. Bei niedrigen Reckungen steigt sie mit der Erhitzung an, hohe Reckungen zeigen zuerst eine Zunahme der Reißkraft, über 160 °C nimmt sie jedoch wieder ab.

Die Reißdehnung hat bei allen Behandlungstemperaturen ein Maximum bei etwa vierfacher Reckung.

Das kann gedeutet werden, wenn man eine Verbesserung der Orientierung durch Reckung und Temperaturbehandlung bis 160 °C annimmt. Dadurch entstehen festere Bindungen. Oberhalb 160 °C scheinen diese Bindungen bei hochgerecktem Material teilweise

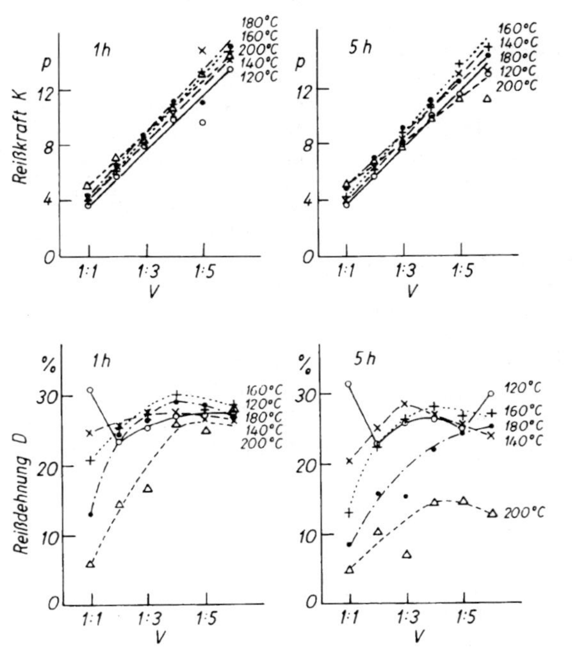

Bild 30. Kraftdehnungsdiagramm von erhitzten PVY-Fasern (RC 5541)

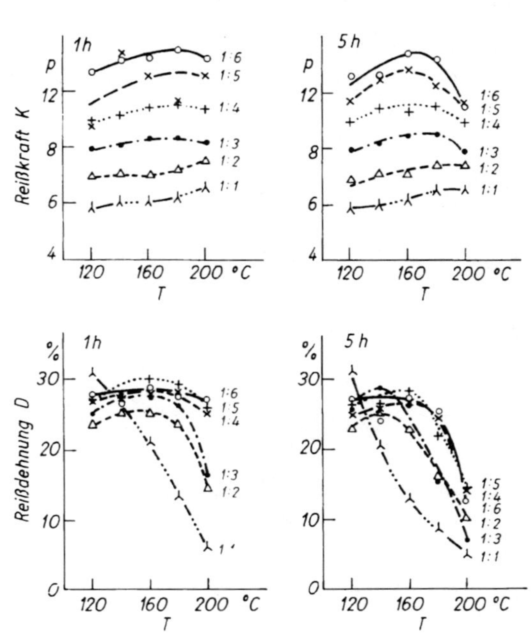

Bild 31. Kraftdehnungsdiagramm von erhitzten PVY-Fasern (RC 5541)

wieder gelöst zu werden. Niedriggereckte Fasern haben diese Bindungen nicht.

Bei einer Temperatur über 200 °C wird anscheinend die Reißkraft aller Reckstufen gleich sein.

Die Reißdehnung wird von mindestens zwei Komponenten beeinflußt, wobei 160 °C bzw. 1 : 4 die Punkte sind, bei denen eine der entgegengesetzten Komponenten die andere zu überwiegen beginnt. Möglicherweise könnten die unterschiedlichen Reißmechanismen hierfür verantwortlich sein: das Abgleiten der Ketten voneinander und das Reißen der Hauptvalenzketten im Molekül.

3.9. Lösetest mit Salpetersäure

Bei der Prüfung der Anwendbarkeit des Lösetests auf thermisch behandelte Fasern ergeben sich einige eigenartige Phänomene. Das Löseverhalten ändert sich völlig bei unterschiedlich erhitzten Fasern (Bild 32).

Nach Erhitzen der Fasern auf 120 und 140 °C findet eine gleichmäßige Längung des Fadens in der Salpetersäure unter dem Einfluß des Gewichts bis zum Reißen statt. Dabei schrumpfen die höhergereckten Fasern, bevor sie länger wurden. Fasern, die 5 h auf 150 °C oder 1 h auf 180 °C erhitzt worden waren, zeigen zuerst keine Reaktion. Erst nach einiger Zeit längt sich der Faden sehr schnell bis zum Reißen. Diejenigen Fasern, die 5 h einer Temperatur von 180 °C oder 1 h einer Temperatur von 200 °C ausgesetzt waren, reißen auch in hochkonzentrierter Säure nicht mehr. Sie werden lediglich länger. Fasern schließlich, die 5 h auf 200 °C erhitzt worden waren, zeigen zuerst eine Längung, danach schrumpfen sie über die Anfangslänge hinaus, ohne zu reißen.

Je höher und je länger die PVY-Fasern erhitzt worden sind, desto mehr sinkt die Löslichkeit in Salpetersäure. Das zeigte sich daran, daß höher konzentrierte Säure verwendet werden mußte, um die Lösezeit in auswertbaren Grenzen (zwischen 10 und 100 s) zu halten. Ein direkter Vergleich der Lösezeit unterschiedlich erhitzter Fasern war daher nicht möglich. Die anfängliche Schrumpfung des Fadens tritt nur bei den unbe-

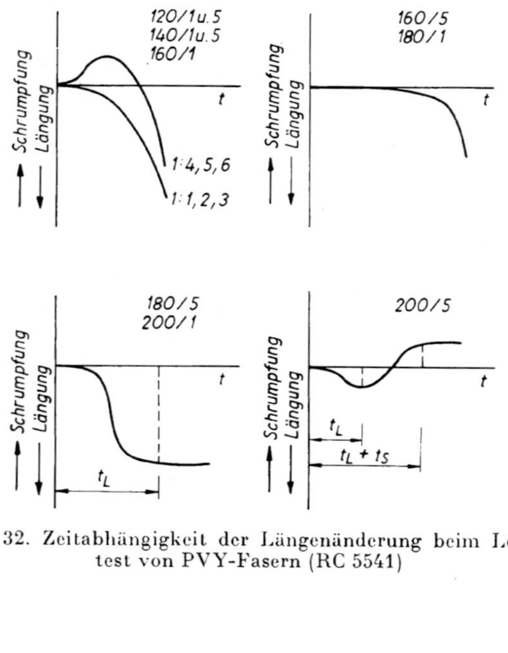

Bild 32. Zeitabhängigkeit der Längenänderung beim Lösetest von PVY-Fasern (RC 5541)

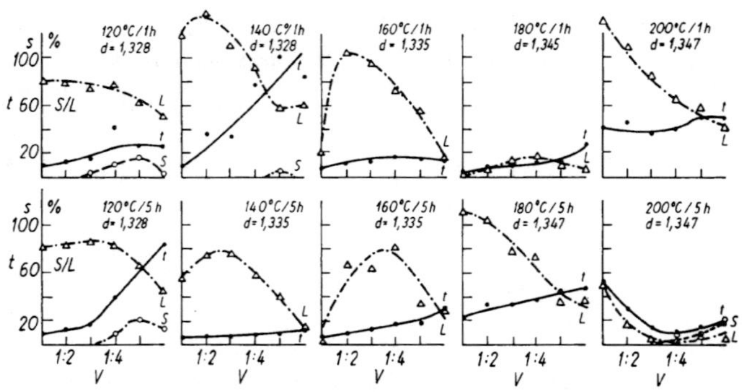

Bild 33. Lösetest an PVY-Fasern (RC 5541) mit Salpetersäure bei 20 °C

handelten Fasern und den auf 120 und 140 °C erhitzten Fasern auf (Bild 33) und hat bei 1 : 5 ein Maximum. Die 5 h auf 200 °C erhitzten Fasern schrumpfen bei Reckungen über 1 : 4 nach dem Längen.

Auch die Längenzunahme vor dem Reißen ist reckungs- und temperaturabhängig. Während sie bei der unbehandelten und der 1 h auf 120 °C erhitzten Faser gleichförmig mit der Reckung abnimmt, bildet sich bei stärkerer Temperatureinwirkung ein Maximum der Längung bei der Reckung 1 : 2 heraus. Dieses Maximum verschwindet wieder nach Erhitzen auf 180 und 200 °C, also dann, wenn der Faden nicht mehr reißt.

Eine Erklärung der Vielfalt dieser Erscheinungen dürfte im molekularen Bau zu suchen sein. Mit der Behandlungstemperatur verändert sich in zunehmendem Maße die chemische Konstitution des Polyacrylnitrils. Daraus resultiert eine Änderung der chemischen Eigenschaften, u. a. eine geringere Angreifbarkeit des Moleküls. Diese erklärt den Anstieg der Lösezeit mit steigender Behandlungstemperatur. Die mit der Rekkung steigende Lösezeit läßt sich mit den stärker werdenden intermolekularen Kräften, die sich bei der Orientierung ausbilden, erklären.

Zusätzlich müssen aber während der Löseversuche Reaktionen zwischen der Faser und der Salpetersäure sowie Reaktionen innerhalb der Faser durch die katalytische Wirkung der Säure stattfinden [26]. Denkbar sind z. B. Verseifungen der CN-Gruppen, Vernetzungsreaktionen und Änderungen im Strukturgefüge der Faser. Die Vielfalt der Möglichkeiten bedingt diese unterschiedlichen Erscheinungen, deren Untersuchung nicht die Aufgabe dieser Arbeit war.

3.10. Quecksilber-Hochdruck-Porosimetrie

Neben den Verteilungskurven der Porengrößen für einige unbehandelte PVY-Fasern der Reckreihe RC 5541 wurden Fasern der gleichen Reckung untersucht, die 5 h lang auf 200 °C erhitzt worden waren. Durch das Erhitzen nimmt das Porenvolumen sehr stark ab. Es beträgt nach der Temperaturbehandlung noch

0,44 cm^3/g für 1 : 1 gereckte Fasern,
0,46 cm^3/g für 1 : 3 gereckte Fasern,
0,37 cm^3/g für 1 : 6 gereckte Fasern.

Die Porengrößenverteilungen (Bilder 34 bis 36) unterscheiden sich völlig von denen der unbehandelten Faser (Bilder 17 bis 19).

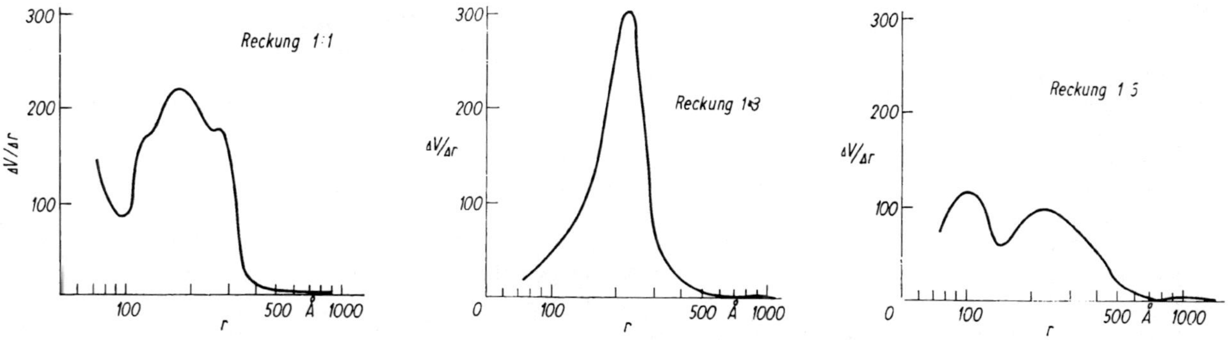

Bilder 34 bis 36. Porengrößenverteilung der PVY-Faser (RC 5541) (5 h auf 200 °C erhitzt)

Im Vergleich zu den unbehandelten Fasern sind die großen Poren (> 700 Å) völlig verschwunden. Warum die 1 : 3 gereckte Faser nur ein Maximum, die sechsfach gereckte dagegen zwei hat, ist nicht erklärlich.

3.11. *Diskussion*

Auch bei den temperaturbehandelten PVY-Fasern der Reckreihe RC 5541 gelten die schon im Abschn. 2.11 gemachten Bemerkungen. Daher sind die bei der Temperatureinwirkung auf diese PVY-Fasern beobachteten Erscheinungen nicht ohne weiteres auf das Verhalten der Handelsfasern übertragbar.

Der Anteil der Hohlräume geht mit steigender Behandlungstemperatur zurück. Das beweisen die Werte der Quecksilber-Porosimetrie, der scheinbaren Dichte und des daraus berechneten Porenvolumens. Auch die abnehmende Wasserdampfsorption und der Rückgang des WRV sind damit in Einklang zu bringen. Im Gegensatz zu dieser Tatsache steht die Änderung der Schwebedichte der Faser. Diese nimmt bei Erhitzung sehr stark ab. Der Versuch einer Erklärung geht dahin, daß die Faser durch die starke Temperatureinwirkung für das Schwebemedium völlig unzugänglich wird. Das scheint nach der schärfsten Behandlung (5 h bei 200 °C) der Fall zu sein. An diesem Punkt sind Schwebedichte und scheinbare Dichte nahezu gleich. Es ist also nicht ganz korrekt, bei erhitzten Fasern das Verhältnis von scheinbarer und Schwebedichte mit dem Porenvolumen zu vergleichen; für eine Modellvorstellung ist es jedoch ausreichend.

Der Rückgang der Wasserdampfsorption bis fast auf den Wert Null bei sechsfach gereckten Fasern, die 5 h auf 200 °C erhitzt worden waren, und der Abfall des WRV stützen die Annahme von der Unzugänglichkeit des getemperten Polymeren.

Die Messungen der Jodsorption und des Löseverhaltens geben keinen definierten Einblick in strukturelle Veränderungen beim Erhitzen. Beide scheinen durch mehrere Faktoren beeinflußt zu werden, die eine solch komplizierte Abhängigkeit, wie sie auftritt, hervorrufen.

Die Eigenschaften der PVY-Fasern RC 5541 ändern sich nicht immer gleichmäßig mit dem Erhitzen.

Der Ordnungsgrad der Fasern steigt mit wachsender Temperatur bei jeder Reckung und auch mit dem Recken nach den einzelnen Temperaturbehandlungen an und strebt bei hohen Reckungen und Temperaturen einem Grenzwert zu.

Der Orientierungsgrad nimmt bei jeder Temperatur mit der Reckung zu. Dagegen zeigt sich, wenn er bei konstanten Reckungen über der Temperatur aufgetragen wird, ein Minimum (Maximum der Halbwertsbreite) bei 160 °C, das bei kleineren Reckungen besonders ausgeprägt ist. Dieser Befund kann so gedeutet werden, daß der geordnete Anteil im Polymeren mit steigender Temperatur zunimmt, während die Orientierung oberhalb von 160 °C durch Wärmebewegung und Lösung von Bindungen (Dipol-Dipol- und *van der Waals*sche Bindungen) absinkt.

Dem Maximum der Halbwertsbreite entspricht auch das Maximum der Reißkraft und Reißdehnung bei dieser Temperatur.

Interessant ist des weiteren ein Extremwert, der sich bei einigen Untersuchungen der Reckungsabhängigkeit der Temperaturbehandlung bei der Reckung 1 : 3 nach stärkeren Temperatureinwirkungen ausbildet. Er tritt auf bei der Messung der Schwebedichte als Maximum, bei der Bestimmung der scheinbaren Faserdichte als Minimum. Das scheinbare Porenvolumen weist hier ein Maximum auf. Seinen Höchstwert erreicht bei dieser Reckung auch das WRV der erhitzten Faser. Das Gesamt-Porenvolumen der 5 h bei 200 °C behandelten Faser, das mit Hilfe der Quecksilber-Porosimetrie bestimmt wurde, ist für die dreifach gereckte Faser größer als das der anderen gleich behandelten Reckstufen.

All diese Befunde sind dadurch erklärbar, daß die Reckung 1 : 3 nach dem Erhitzen das größte Porenvolumen ergibt. Eine andere Frage ist es, wie es dazu kommt. Ein Vergleich mit der unbehandelten Faser zeigt, daß sich bei der Reckung 1 : 4 ein qualitativer Sprung vollzieht (Faserquerschnittsform, Trennung von Fließ- und Nachfließbereich im KDD, Auftreten eines neuen Peaks bei der DTA, Verhalten der Faser beim Lösetest), der mit Änderungen der Bindungsverhältnisse beim Recken und der Ausbildung neuer Bindungen zwischen den Polymerketten erklärt wurde. Über die Art dieser Bindungen wurde im einzelnen nichts gesagt.

Der Extremwert einiger Eigenschaften in Abhängigkeit vom Recken nach einer Temperaturbehandlung bedeutet, daß mindestens zwei einander entgegengesetzte Komponenten Einfluß auf die Meßwerte nehmen. Für niedrige Reckungen überwiegt die eine, für hohe Reckungen die andere Komponente. Die Reckung 1 : 3 bildet den Übergang.

Tabelle 3. Temperaturabhängige Strukturunterschiede an PVY-Handelsfasern

Methode	WOLPRYLA 65	DOLAN
Röntgenuntersuchungen		
Halbwertsbreite	Maximum bei 150 °C	Maximum bei 160 °C
Ordnungsgrad	Maximum bei 150···170 °C	Anstieg bis 200 °C
Dichtemessungen		
Schwebedichte	—	Minimum bei 160···180 °C
scheinbare Dichte	Besimmungsmethode versagte bei Handelsfasern	
Sorptionsmessungen		
Jodsorption	Maximum bei 160···180 °C	Minimum bei 160 °C
Wasserdampf	—	Minimum bei 180 °C (5 h)
Wasserrückhaltevermögen	Abnahme bis 200 °C	Abnahme bis 200 °C
Kraft-Dehnungs-Diagramm		
Reißkraft 1 h	Maximum bei 160 °C	Minimum bei 140 °C
5 h	Maximum bei 160 °C	Abnahme bis 200 °C
Reißdehnung 1 h	Maximum bei 140···160 °C	Minimum bei 160 °C
5 h	linearer Abfall bis 200 °C	linearer Abfall bis 200 °C

Eine mögliche Erklärung kann nur durch die Kinetik des Reckvorganges gefunden werden. Im ungereckten Zustand existieren im Molekül keine Spannungen. Durch Recken werden solche Spannungen erzeugt, weil zwischen den einzelnen Makromolekülen Bindungen bestehen, die ebenfalls gedehnt werden. Bei der vierfachen Reckung scheinen diese Bindungen „zerrissen" und neue spannungslose gebildet zu sein. Diese werden bei weiterem Recken durch Fließerscheinungen im Polymeren stabilisiert. Bei der dreifachen Reckung lassen sich also die stark deformierten Bindungen besonders leicht lösen und ergeben die lockere Struktur, wie sie nach einer Heißbehandlung gefunden wurde.

4. *Strukturuntersuchungen an thermisch behandelten PVY-Handelsfasern*

Um zu zeigen, inwieweit die im Abschnitt 3 gewonnenen Erkenntnisse auch auf Handelsfasern angewandt werden können, wurden vergleichende Untersuchungen an der naßgesponnenen Faser WOLPRYLA 65 (VEB Chemiefaserwerk „Friedrich Engels", Premnitz) und an der trockengesponnenen Faser DOLAN (Kammzug 3,0 den/100 mm, rohweiß matt, Süddeutsche Chemiefaser-AG, Kelheim/Donau) durchgeführt (Tabelle 3).

Kurz zusammengefaßt ergab sich folgendes Bild:

Bei beiden untersuchten PVY-Fasern spielen sich im Temperaturbereich um 160 °C Umwandlungsvorgänge ab, die die Bildung von Maxima und Minima bei einigen Untersuchungen in Temperaturabhängigkeit ergeben. Diese Feststellung trafen auch andere Bearbeiter [1, 27]. Jede PVY-Fasertype verhielt sich bei der gleichen Behandlung anders. WOLPRYLA 65 hat dadurch, daß es naßgesponnen wurde, ganz andere Eigenschaften als das trockengesponnene DOLAN.

Die Struktur des DOLANs ist also bei 160 °C schlecht orientiert, weist aber trotzdem einen hohen geordneten Anteil auf. Dadurch können sich die sorptionsfähigen Gruppen innerhalb des Moleküls absättigen und sind für Jod und Wasserdampf weniger zugänglich.

Auch WOLPRYLA 65 ist nach einer Temperung bei 160 °C stark desorientiert, es weist ebenfalls einen hohen Anteil an geordneten Bereichen auf. Es ist in diesem Zustand aufnahmefähig für Jod, anscheinend haben sich bei dieser Faser die sorptionsfähigen Gruppen nicht selbst abgesättigt.

Neben den diskutierten Einflüssen, durch welche die Eigenschaftsänderungen der PVY-Fasern bei dem Erhitzen teilweise erklärt werden können, müssen selbstverständlich noch andere in Betracht gezogen werden. Dazu gehören beispielsweise die Wirkung der copolymeren Komponente, der Gehalt an sauren Gruppen, der Polymerisationsgrad usw.

Die Untersuchungen an Handelsfasern zeigen deutlich, wie unterschiedlich sich die Eigenschaften verschiedener PVY-Fasern durch Temperatureinwirkung verändern. Jede Herstellungsvariable übt ihren gesonderten Einfluß aus. Um allgemein Gültiges aussagen zu können, müssen alle diese Parameter bekannt sein. Bei Handelsfasern ist das nur sehr selten der Fall. Alle festgestellten Veränderungen der Feinstruktur der PVY-Fasern beschränken sich daher auf den Fasertyp, an dem sie untersucht wurden, und sind nur sehr selten zu verallgemeinern.

5. *Zusammenfassung*

5.1. Bei Untersuchungen der Veränderungen der Feinstruktur von Polyacrylnitrilfasern wurden an verschiedenen Modell- und Handelsfasern die wichtigsten Methoden der Strukturbestimmung angewandt und ihre Aussagekraft beurteilt.

5.1.1. Die Röntgen-Weitwinkel-Aufnahmen wurden photometrisch ausgewertet und daraus Ordnungsgrad und Halbwertsbreite des (010)-Reflexes bestimmt. Bei allen PVY-Fasern ergab sich eine gute Abhängigkeit dieser Werte von der Reckung und von einer Temperaturbehandlung.

5.1.2. Die Dichte wurde einmal mit der Quecksilber-, zum anderen mit der Schwebemethode bestimmt. Die Quecksilbermethode ergab eine scheinbare Faserdichte, die sich aus der Polymer- und der Hohlraumdichte zusammensetzte. Die Schwebedichte kam der wahren Polymerdichte um vieles näher, da das flüssige Medium teilweise die Hohlräume und Kapillaren im Inneren der Fasern füllte. Das Verhältnis beider

Dichten konnte zur Abschätzung des Hohlraumanteils dienen. Alle Dichtebestimmungsmethoden waren bei porösen Fasern anwendbar, um Veränderungen der Hohlräume zu erkennen.

5.1.3. Von den Sorptionsmethoden wurden Wasserdampf- und Jodsorption in die Untersuchung einbezogen. Die Wasserdampfsorption zeigte erst bei relativen Luftfeuchten um 100% Unterschiede zwischen den Reckungen und erreichte für stark porige Fasern ihr Gleichgewicht nicht einmal nach mehreren Wochen. Der Verlauf der Sorptionsisotherme gestattete Rückschlüsse auf die Verteilung der Hohlräume, wenn man die Erscheinung der Kapillarkondensation berücksichtigte. Eine Abschätzung der Faseroberfläche war ebenfalls möglich, wenn man den Punkt, an dem die beiden Hyperbeläste der Sorptionsisothermen ineinander übergingen, als den Punkt ansah, der der monomolekularen Bedeckung der Oberfläche mit Wassermolekülen entsprach.

Die Wasserdampfsorption war also eine Funktion der Hohlräume und deren Oberfläche sowie ihrer Zugänglichkeit.

Die Ergebnisse der Jodsorption waren teilweise nicht zu deuten. Auch hierbei spielten Oberfläche, Hohlräume und deren Zugänglichkeit eine Rolle. Daneben müssen aber noch andere Einflüsse vorhanden sein.

5.1.4. Das Wasserrückhaltevermögen stand in Übereinstimmung mit den Ergebnissen anderer Untersuchungen. Es konnte zur Abschätzung der Zugänglichkeit und des Anteils der großen Hohlräume benutzt werden.

5.1 5. Die Aussagekraft des Kraft-Dehnungs-Diagramms bei Feinstrukturuntersuchungen ist noch sehr umstritten. Eindeutig war, daß sich Reißkraft und Reißdehnung bei Änderungen der Struktur stark verändern und daß dafür Änderungen in den intermolekularen Bindungsverhältnissen verantwortlich sind. Aber auch die Form des KDD ändert sich mit der Struktur. Das äußerte sich beispielsweise in der Änderung des *Hooke*schen Bereiches oder in der Trennung von Fließ- und Nachfließbereich. Nicht eindeutig konnte die Frage geklärt werden, wie die Feinstrukturveränderungen mit den Veränderungen des KDD zusammenhingen.

5.1.6. Die Aussagen, die auf Grund von Lösetests gewonnen wurden, waren nur teilweise verwendbar und sehr widersprüchlich. Die Methode birgt in sich große Fehlerquellen. Bei der PVY-Faser RC 5541, die relativ niedrig gereckt ist, zeigten sich Unterschiede, bei anderen recht hoch gereckten PVY-Modellfasern dagegen nicht.

5.1.7. Mit Hilfe der Quecksilber-Hochdruck-Porosimetrie wurden Veränderungen im Gesamthohlraumvolumen und in der Größenverteilung dieser Hohlräume festgestellt. Dabei ergab sich eine Abhängigkeit dieser beiden Größen von der Reckung und Hitzebehandlung.

5.1.8. Messungen des Wärmeeffektes, der bei der Benetzung von PVY-Fasern mit Wasser auftrat, und Messungen der Oberfläche nach der BET-Methode ergaben, daß die Benetzungswärme pro Oberflächeneinheit bei unterschiedlicher Reckung konstant blieb.

Es konnte also festgestellt werden, daß die meisten Methoden zur Feinstrukturuntersuchung bei porösen Fasern auf Unterschiede der Hohlraumstruktur ansprachen (Dichte, Sorption, WRV, Benetzungswärme, Quecksilberporosimetrie). Unabhängig von der Hohlraumstruktur waren folgende Methoden: Röntgen-Weitwinkel-Untersuchungen, Kraft-Dehnungs-Verhalten, UR-dichroitische Messungen, Differentialthermoanalyse.

5.2. Mit den oben angeführten Methoden wurden PVY-Modell- und Handelsfasern untersucht. Die an ihnen gemessenen Werte ließen auf unterschiedliche Veränderungen der Feinstruktur bei gleicher Behandlung schließen und zeigten damit einmal mehr den großen Einfluß, den unterschiedliche Spinnbedingungen auf die Endeigenschaften von Synthesefasern, speziell Polyacrylnitrilfasern, ausüben.

5.2.1. Die PVY-Modellfasern RC 5541, deren Spinnparameter gleich waren bis auf die unterschiedliche Reckung (ungereckt bis 6fach gereckt), sind sehr porös. Durch die Reckung sinkt das Gesamtporenvolumen, die Zahl der großen Poren geht zurück, während die Zahl der kleinen Poren gleichzeitig ansteigt. Orientierung und Ordnung nehmen mit der Verstreckung zu.

Die Reckung 1:3 bis 1:4 scheint dadurch ausgezeichnet zu sein, daß hier neue intermolekulare Bindungen ausgebildet werden und zur Wirkung kommen, über deren Natur auch in der Literatur bis jetzt keine Einigkeit herrscht.

5.2.2. Durch eine Hitzebehandlung im trockenen spannungslosen Zustand verändern sich die Eigenschaften der einzelnen Reckstufen der PVY-Modellfaser RC 5541 in charakteristischer Weise. Das Gesamthohlraumvolumen geht stark zurück, die Porengrößenverteilung ändert sich völlig, wobei der Anteil der Poren, die größer sind als 700 Å, verschwindend gering wird. Die Poren werden mit zunehmender Erhitzungstemperatur für Flüssigkeiten immer unzugänglicher.

Es zeigt sich, daß bei dieser PVY-Faser die Temperatur von 160 °C ein markanter Punkt ist, an dem sich die Eigenschaften sehr stark verändern und verschiedene Meßreihen in Temperaturabhängigkeit ein Maximum bzw. Minimum durchlaufen. Dieses Verhalten wird zurückgeführt auf die Änderung der chemischen Struktur (Verfärbung) und auf die Lösung und Neubildung von Bindungen durch Wärmebewegung und Vernetzungsreaktionen.

Durch die Hitzebehandlung wird außerdem deutlich, daß bei der Reckung 1:3 qualitative Veränderungen zur Auswirkung kommen, die sich in Maxima oder Minima äußern, wenn die Meßwerte über der Reckung aufgetragen werden. Hier werden die Ursachen in Bindungskräften gesucht, die sich mit der Reckung ausbilden und bei Reckungen von etwa 1:4 wirksam werden. Durch die Hitzebehandlung wird die Struktur der Stufe 1:3, bei der diese Bindungen noch nicht vorhanden bzw. stark deformiert sind, besonders aufgelockert.

5.2.3. Die Untersuchung der Einwirkung von Trockenhitze auf verschiedene PVY-Handelsfasern ergibt, daß die gemessenen Veränderungen mit der Temperatur des Erhitzens für jede Faser eine andere Tendenz haben. Ein Vergleich ist nur möglich, wenn alle Herstellungsvariablen bekannt sind.

Auch bei den untersuchten Handelsfasern (DOLAN, WOLPRYLA 65) zeigte sich die Besonderheit der Erhitzung auf 160 °C, die schon bei den getemperten Proben der PVY-Reckreihe RC 5541 gefunden worden war.

Eingegangen am 6. Januar 1969

Kurze Mitteilungen[1]

Verlauf der Reaktion von Hydroxylaminlösungen mit Lactonen in Cellulosepräparaten

DK 661.728.27:547.473'314:543.432:546.172

In unseren früheren Arbeiten haben wir für die Charakterisierung der Carboxylgruppen in der Lactonform in Cellulosepräparaten die Hydroxamsäurereaktion angewendet [1, 2]. Dabei haben wir für die Einwirkung der Hydroxylaminlösung auf die Cellulose nach *Kaverzneva* und *Salova* [3] die Zeit von 15 min gewählt. In einem Falle [4] haben wir bei stark gepreßten Proben feststellen müssen, daß diese Zeit für die Vollendung der Reaktion nicht genügte, was uns dazu geführt hat, auch bei normal bereiteten Celluloseproben den zeitlichen Verlauf der Hydroxamsäurebildung nachzuprüfen.

Im Rahmen der vorliegenden Arbeit haben wir Einwirkungszeiten der Hydroxylaminlösung auf die Zellstoffprobe von 1, 5, 15 und 60 min gewählt, wobei Hydroxamsäurebildung nach Anfärbung mit Eisenchlorid kolorimetrisch verfolgt wurde. Nach orientierenden Versuchen war eine weitere Verlängerung bei den untersuchten Zellstoffproben nicht notwendig.

Experimentelles

Zellstoffproben. Es wurden 5 verschiedene Zellstoffproben untersucht (Tabelle 1).

Versuchsdurchführung. Vorbereitung der Proben, Absäuern, Anfärben mit Eisenchloridlösung und Vorbereitung der Blätter für die Weißgradmessung am Zeiss-Leukometer erfolgten wie beschrieben [5], jedoch ohne Trocknen nach dem Absäuern; es wurde also nicht ein maximaler Gehalt an Lactonen bzw. Estern erreicht. Bei der Einwirkung der Hydroxylaminlösung wurden alle Proben am Anfang 1 min lang gerührt, dann die 5, 15 bzw. 60 min behandelten Proben während dieser Zeit mehrmals gründlich durchgerührt.

Die Ergebnisse sind in den Bildern 1 bis 5 dargestellt.

Auswertung

Die Geschwindigkeit der Hydroxamsäurebildung hängt mit der Accessibilität der Cellulose zusammen. Die Reaktion zwischen Lactonen und Hydroxylamin verläuft beim Zusammentreffen der Komponenten augenblicklich, so daß die zeitliche Abhängigkeit der Reaktion auf einen langsamen Diffusionsvorgang deutet. Da nach dem Absäuern kein Trocknen der Proben folgte, kann man annehmen, daß hier die Diffusionsvorgänge in die Einzelfasern und nicht in die eventuell bei der Trocknung entstandenen Gebilde erfaßt wurden.

Mit der Annahme, daß die Carboxyl- bzw. Lactongruppen in den weniger accessibilen Bereichen gleichmäßig verteilt sind, kann man die kolorimetrische Verfolgung der nach verschiedenen Zeiten der Hydroxylamineinwirkung gebildeten Hydroxamsäuren zur Abschätzung der Accessibilität anwenden. Gegenüber Verfahren, die als Methoden für die Bestimmung der Accessibilität ausgearbeitet wurden, wie z. B. der Hydrolyse-Methode [6] oder der Formylierungs-Methode [7], kann man behaupten, daß hier eine Änderung der Accessibilität während der Bestimmung durch Auslösen von Anteilen oder durch Rekristallisation nicht in Frage kommt.

Wenn man den Wert für den Lactongehalt nach 60 min mit 100% bezeichnet, dann bekommt man relative Werte für den Lactongehalt nach 1 und 15 min Einwirkung der Hydroxylaminlösung laut Tabelle 2.

Der überwiegende Anteil der Lactone reagiert also bereits in 1 min, doch sind zwischen den einzelnen Proben in dieser Hinsicht gewisse Unterschiede zu verzeichnen. Auf welche Ursachen diese Unterschiede zurückzuführen sind, kann nach den bisherigen Ergebnissen nicht beantwortet werden.

[1] Die Veröffentlichung der „Kurzen Mitteilungen" erfolgt unter alleiniger Verantwortung der Verfasser

Bilder 1 bis 5. Relative Lactonmengen nach verschieden langer Einwirkung der Hydroxylaminlösung.

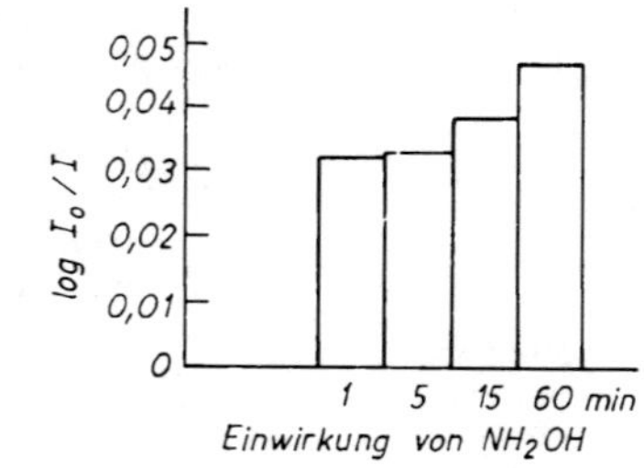

Zellstoffprobe Nr. 1

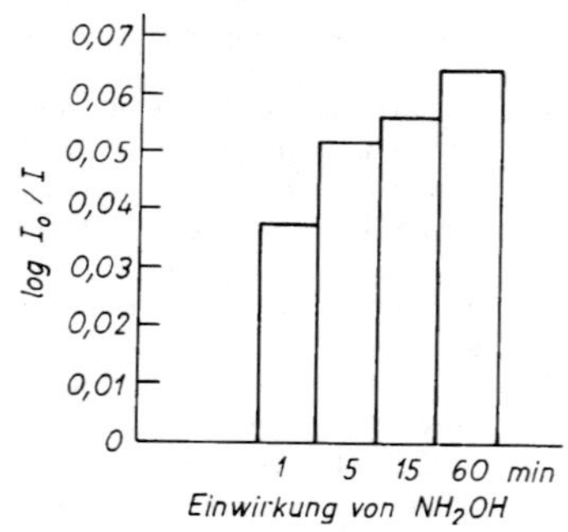

Zellstoffprobe Nr. 2

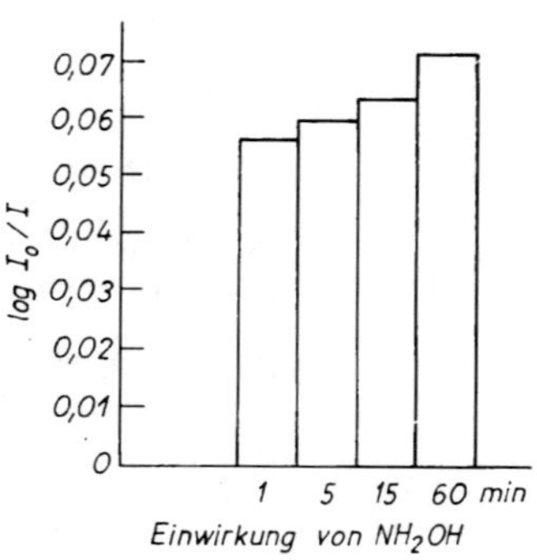

Zellstoffprobe Nr. 3

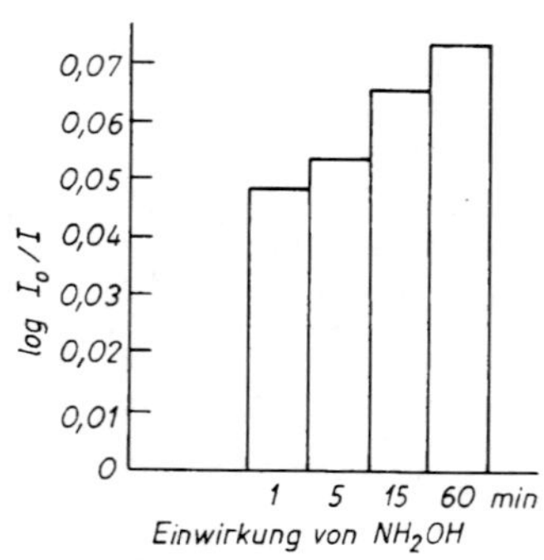

Zellstoffprobe Nr. 4

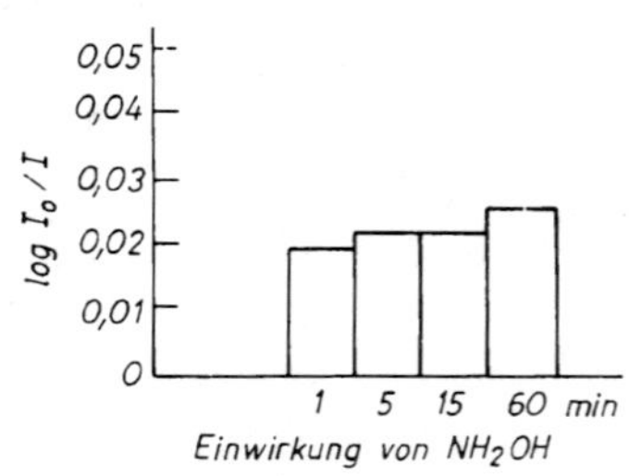

Zellstoffprobe Nr. 5

Tabelle 1. Zellstoffproben

Nr.	Beschreibung	Cu-Zahl *Fehling-Bertrand*	COOH jodometrisch [8] [mmol/100 g]
1	Fichte, Hochausbeute-Sulfit (59%), gebleicht mit Na-Chlorit	1,56	8,58
2	derselbe Zellstoff, gebleicht durch Chlorierung, Extraktion, Bleiche mit Na-Chlorit	1,98	9,88
3	Betriebs-Viskosezellstoff, Fichte, Sulfit, α-Cellulose 90%	2,35	2,97
4	Buche, Sulfat ohne Vorhydrolyse, gebleicht mit Na-Chlorit	0,98	8,34
5	Fichte, Sulfat mit Vorhydrolyse, gebleicht durch Chlorierung, Na-Chlorit, Extraktion, Na-Chlorit	1,13	3,98

Nach 15 min sind die Differenzen zwischen den einzelnen Mustern kleiner; sie liegen in den Grenzen von 82 bis 90% des Endwertes. Mit dieser Beobachtung wird man bei der Anwendung der Hydroxamsäurereaktion in Zellstoffen rechnen müssen, und wo es sich um die maximale Erfassung der gebildeten Lactongruppen handeln wird, wird für die Einwirkung der Hydroxylaminlösung auf Zellstoffproben die Zeit von 1 h notwendig sein.

Tabelle 2. Relative Lactonmengen nach verschieden langerEinwirkung der Hydroxylaminlösung

Nr.	Relativer Lactongehalt in % vom Endwert nach 1 min	nach 15 min
1	68,8	82,3
2	57,8	87,5
3	79,4	89,0
4	65,7	90,3
5	71,5	84,2

Literatur

[1] *Slávik, I., Pašteka, M.*, und *Kučerová, M.*: Über das Verhalten der Lactongruppen in der Cellulose bei der Carboxylbestimmung nach verschiedenen Methoden. Faserforsch. u. Textiltechnik **18** (1967) S. 4–8.

[2] *Slávik, I., Pašteka, M.*, und *Kučerová, M.*: Characterisation of carboxyl groups of cellulose using an iodometric method. Svensk Papperstidn. **70** (1967) S. 229–233.

[3] *Kaverzneva, E. D.*, und *Salova, A. S.*: Chimičeskije prevraščenia makromolekuly celljulozy pod vlijaniem okislitelej. 4. Laktonnyje svjazi v makromolekule oksicelljulozy i ich vlijanie na opredelenie karbonylnych grupp metodom kondenzacii s gidroksilaminom. Izv. Akad. Nauk SSSR, Otd. chim. Nauk (1951) S. 782–790.

[4] *Slávik, I.*, und *Kučerová, M.*: Versuche zum Nachweis von intermolekularen Esterbindungen in Cellulose. Faserforsch. u. Textiltechnik **18** (1967) S. 39–40.

[5] *Slávik, I.*, und *Kučerová, M.*: Zeitlicher Verlauf der Lacton- bzw. Esterbildung in Zellstoffen beim Absäuern und Trocknen. Faserforsch. u. Textiltechnik **20** (1969) 7, S. 346–347.

[6] *Nickerson, R. F.*, und *Habrle, J. A.*: Hydrolysis and catalytic oxidation of cellulosic materials. Ind. engng. Chem. **37** (1945) S. 1115–1118; **38** (1946) S. 291–301.

[7] *Tarkow, H.*, und *Stamm, A. J.*: Reaction of formic acid with carbohydrates. J. physic. Chem. **56** (1951) S. 262 bis 266, 266–271.

[8] *Slávik, I.*, und *Kučerová, M.*: Vorschlag einer neuen Methode zur Carboxylbestimmung in Zellstoffen. Faserforsch. u. Textiltechnik **17** (1966) S. 26–28.

Ivan Slávik und *Mária Kučerová*
Chemisches Institut
der Slowakischen Akademie der Wissenschaften
Bratislava, ČSSR

Eingegangen am 6. Februar 1969

Neue Bücher

Advances in Physical Organic Chemistry. Vol. 5. Hgg. von *V. Gold*. London u. New York: Academic Press 1967. X, 413 S. Lwd. 120 s.

Vielerorts sicherlich mit großem Interesse erwartet, enthält der fünfte Band der Fortschrittsberichte über Fragen der physikalischen organischen Chemie sechs Beiträge aus der Feder bekannter Fachleute, in denen zusammenfassend über die neueren Ergebnisse der jeweils behandelten Komplexe berichtet wird.

Im ersten Kapitel erläutert *P. Zuman* aus der Schule des Prager Heyrovski-Instituts Probleme des Gebietes „Polarographie und Reaktionskinetik". Nach einer kurzen Einführung in die Prinzipien der Polarographie werden die experimentelle Technik bei der Untersuchung langsamer Reaktionen und entsprechende Anwendungsbeispiele beschrieben (Bildung und Zersetzung von Mannich-Basen, Reaktionen von Ketonen mit nucleophilen Agenzien). Anschließend werden Probleme der Untersuchung schneller Reaktionen diskutiert.

Der zweite Abschnitt ist „Elektronenspinresonanz-Studien kurzlebiger organischer Radikale" gewidmet. *R. O. C. Norman* und *B. C. Gilbert* behandeln nach einer grundlegenden Einführung in das Problem zunächst die Erzeugung von Radikalen mittels Photolyse, Thermolyse, elektrochemischer Reduktion und Oxydation, Elektronenübergang und Radikalübertragung. Anschließend werden dann an speziellen Beispielen Experimentalergebnisse zur Bestimmung von Reaktionsmechanismen sowie Fragen des Zusammenhanges von HFS-Aufspaltung und Struktur des Untersuchungsobjekts erörtert.

Nach einem Überblick von *G. Kohnstam* über die „Wärmekapazität der Aktivierung und deren Anwendung bei mechanistischen Studien" beschreibt *A. J. Parker* „Geschwindigkeiten bimolekularer Substitutionsreaktionen in protischen und dipolaren aprotischen Lösungsmitteln". Es werden zunächst der Einfluß des Lösungsmittels auf die Reaktionsgeschwindigkeit am Beispiel der Solvatation von polaren Molekeln, Übergangszuständen und Anionen diskutiert und dann S_N2-Reaktionen zwischen Anionen bzw. Kationen und polaren Molekeln, zwischen Anionen und Kationen, an Kohlenstoff und Platin sowie in Mischungen von protischen und dipolaren aprotischen Lösungsmitteln behandelt. Der Autor diskutiert ferner Probleme der Reaktivität bei Anion-Dipolreaktionen vom S_N2-Typ, des Lösungsmitteleinflusses auf Aktivierungsenergie und -entropie sowie spezielle Fragen der *Finkelstein*-Reaktion in Dimethylformamid.

Im fünften Beitrag gibt *S. L. Johnson* einen Überblick zum Komplex der basischen und nucleophilen Katalyse von Esterhydrolyse und analogen Reaktionen, während im letzten Kapitel „Reaktionen aliphatischer Diazoverbindungen mit Säuren“ beschrieben werden. *R. A. More O'Ferrall* erläutert die geschwindigkeitsbestimmenden Schritte in aprotischen und in hydroxylgruppenhaltigen Lösungsmitteln, die produktbestimmenden Reaktionsabschnitte unter gegebenen Bedingungen bei den jeweiligen Reaktanten sowie Reaktionen von Diazoalkanen mit schwachen Säuren.

Naturgemäß wird durch die speziellen Fragestellungen der einzelnen behandelten Themen nur ein kleinerer Leserkreis direkt angesprochen. Neben einer Fülle spezifischer Detailkenntnisse mit entsprechenden Literaturhinweisen vermögen jedoch alle Kapitel dem interessierten Leser zahlreiche allgemeine Anregungen zu vermitteln, so daß die Lektüre dieses Bandes für jeden an quantifizierende Betrachtungsweise gewohnten Chemiker ein Gewinn ist.

W. Jaeger

Advances in Physical Organic Chemistry. Vol. 6. Hgg. von *V. Gold.* London u. New York: Academic Press 1968. IX, 349 S. Lwd 100 s.

Im sechsten Band der Fortschrittsberichte zur Physikalischen Organischen Chemie werden folgende vier Themen behandelt:

„Bildungsmechanismen und Reaktionen von Arinen bei hohen Temperaturen“ (*E. K. Fields* und *S. Meyerson*). — Im ersten Teil der Übersicht wird die Bildung von Arinen aus aromatischen Anhydriden beschrieben, anschließend wird dann die Darstellung von Benzin aus o-Sulfobenzoesäureanhydrid und aus Acetylen erläutert.

„Entwicklungen des Studiums von A–S_E2-Reaktionen in wäßriger Lösung“ (*J. M. Williams jr.* und *M. M. Kreevoy*). — In diesem Beitrag wird der gegenwärtige Erkenntnisstand über Reaktionen mit elektrophilem Angriff von Hydroniumionen diskutiert. Die Autoren behandeln zunächst die bekannten Methoden zum Nachweis geschwindigkeitsbestimmender Protonenübergänge und erläutern dann Einzelheiten der Mechanismen von Protonübergängen in A–S_E2-Reaktionen (Struktur des Ausgangszustandes, Übergangszustand, Zwischenzustände).

In den beiden letzten Kapiteln werden Probleme der „Berechnung der Konformation von Polypeptiden“ (*H. A. Scheraga*) und der „Stereoselektivität der Elementarschritte organischer Reaktionen“ (*S. J. Miller*) erörtert.

Auch dem sechsten Band der „Advances in Physical Organic Chemistry“ kommt die Bedeutung zu, die allgemein zusammenfassende und wertende Überblicke bei dem gegenwärtig raschen Entwicklungstempo aller naturwissenschaftlichen Disziplinen haben: Neben einem gründlichen, auf dem neuesten Stand basierenden Wissen vermittelt er zahlreiche Anregungen, ist Wegweiser zur aktuellen Originalliteratur und kann auch als Nachschlagewerk dienen. So wird sicherlich auch dieses vom Verlag gut ausgestattete Buch viele Freunde gewinnen.

W. Jaeger

Grundlagen der Gewebetechnik. Von einem Autorenkollektiv. Leipzig: Fachbuchverlag 1968. 364 S. 8°. Hlblwd. M 18,—.

Nachdem vor kurzem ein Fachbuch mit dem Titel *Gewebetechnik* erschienen war[1]), folgte noch im gleichen Jahr ein weiteres Fachbuch auf dem Webereigebiet von einem anderen Autorenkollektiv, das den Titel *Grundlagen der Gewebetechnik* trägt. Verwunderlich ist, daß beide Bücher im gleichen Verlag erscheinen, dem Titel nach eine Beziehung zueinander vermuten lassen, tatsächlich aber nicht aufeinander aufbauen und auch sonst nicht aufeinander abgestimmt sind; offensichtlich entstanden sie vollkommen unabhängig voneinander. Auf ihre markantesten Unterschiede wird am Schluß dieser Buchbesprechung kurz eingegangen.

Das Fachbuch *Grundlagen der Gewebetechnik* ist die 2., erweiterte und verbesserte Auflage der 1955 im Verlag Volk und Wissen erschienenen *Bindungslehre für Kleiderstoff- und Tuchweber.* Es hat um rd. $^1/_3$ an Umfang zugenommen und ist im Mehrfarbendruck nunmehr auf Hochglanzpapier sehr ansprechend ausgeführt.

[1]) Faserforsch. u. Textiltechnik **20** (1969) 4, S. 201.

Nach einer kurzen Einführung in den Webvorgang und in das Grundprinzip der zeichnerischen Darstellung von Gewebebindungen in Form von Patronen wird der Lehrstoff des Faches Bindungslehre in der bewährten Weise abgehandelt, die vom Einfachen zum Komplizierten führt: Er beginnt mit den Grundbindungen sowie deren Erweiterungen und Ableitungen, die ca. 40% des Stoffes umfassen. Ihnen schließen sich Ausführungen über Gerstenkorn-, Krepp-, Kautschuk-, zusammengesetzte, Kord- und Reformbindungen sowie über Farbeffekte an, die ca. 20% beanspruchen. Von gleichem Umfang ist auch die Behandlung von Bindungen für verstärkte und Doppelgewebe sowie für Trikot, mit denen die 1. Auflage abschloß.

Als neu hinzugekommene Kapitel sind zu nennen: Bindungen für Spezialgewebe (wie lancierte, Pikee-, Frottier- und Samtgewebe), Analyse von Bindungen (d. h. Untersuchung vorgegebener Patronen — insbesondere für verstärkte und Doppelgewebe — hinsichtlich der Art der Verstärkung, der Stellen für An- oder Abbindung u. dergl.), vergleichende Betrachtungen zu den Grundbindungen sowie Ausführungen zur Gewebeleiste und schließlich das Musterzerlegen, mit dem das Buch endet. Auch die bereits erwähnten Kautschukbindungen waren in der 1. Auflage noch nicht enthalten.

Die grundsätzliche Behandlung des Stoffes wurde von der 1. Auflage übernommen; sie umfaßt: Merkmale der Bindungen und Gewebebilder, Verwendung und Gewebenamen, Entwicklung der Bindungen und die Webtechnik. In dieser Reihenfolge wird im wesentlichen jede Bindungsgruppe abgehandelt. Diese Darstellungsart ist ansprechend, sie läßt das jeweils Typische gut erkennen und stellt auch Querverbindungen von der Bindungslehre zur Warenkunde und zur Webereitechnologie her. Weniger günstig ist es allerdings, daß diese Unterteilungen des Stoffes mit dem Übergang zum Dezimalsystem benummert wurden, in der Gliederung mit erscheinen und diese dadurch unübersichtlich gestalten, zumal dies auch von der graphischen Gestaltung her unbeachtet blieb.

Als Einführung in die Bindungslehre ist dieses Fachbuch gut geeignet, insbesondere für diejenigen Kleiderstoff-, Tuch- und sonstigen Weber, die mit Schaftmaschinen arbeiten. Obwohl der Titel eine derartige Beschränkung nicht mehr ausdrückt, ist sie jedoch vom Inhalt her gegeben. Vergleichsweise dazu liegt das Schwergewicht der *Gewebetechnik* auf dem Gebiet der Jacquardweberei einschließlich der Flor- und Drehergewebe sowie der Teppiche. Es unterscheiden sich allerdings die Methoden, mit denen gleiche Bindungsarten in beiden Büchern abgehandelt werden. Dies ist offensichtlich durch die jeweils vertretenen Hauptrichtungen bedingt. Am Beispiel der Bindung für verstärkte und Doppelgewebe wird dies besonders deutlich: In der *Gewebetechnik* dominiert die Leseweise in Verbindung mit Schnittdarstellungen, einer in der Möbelstoff-(Jacquard-)Weberei üblichen Methode, die dem Schaftweber anscheinend fremd ist, denn in den *Grundlagen der Gewebetechnik* wird das gleiche Ziel „nur“ auf klassische Art und Weise erreicht.

War bei der 1. Auflage eine Übereinstimmung von Titel und Inhalt gegeben, so liegt diese bei dem nunmehr geänderten Titel nicht mehr vor, denn der Begriff *Gewebetechnik* ist wesentlich umfassender als *Bindungslehre für den Kleiderstoff- und Tuchweber.* So bleibt beispielsweise das gesamte Gebiet der technischen Gewebe, das zunehmend Bedeutung gewinnt, von der bindungstechnischen Seite her ebenso unberührt wie von der textil-konstruktiven Seite. Überhaupt wird auf die zu einer Gewebe*technik* unbedingt erforderlichen Berechnungen (z. B. Flächenmasse, Materialbedarf, Festigkeit, Dichtigkeit, Blattfeinheit u. dergl.) nicht eingegangen.

Ein Vergleich des vorliegenden Fachbuches mit seiner ersten Auflage läßt einen bedeutenden Qualitätssprung erkennen. Die vorgenommenen Ergänzungen und Überarbeitungen stellen zweifellos Bereicherungen des Buches dar, die dem in Schaftwebereien tätigen Praktiker willkommen sein werden. Die anschauliche Darstellungsweise, die in vielen Fällen die einzelnen Etappen bei der Entwicklung der Patronen verfolgen läßt, dürfte für die Lehrausbildung besonders günstig sein und macht dieses Buch außerdem zum Selbststudium geeignet. Hierzu tragen auch die jeweils gestellten Kontrollfragen und Übungsaufgaben bei, für die jedoch die Bekanntgabe der Lösungen wünschenswert wäre.

Für den Fall einer Neuauflage wird empfohlen, die *Grundlagen der Gewebetechnik* und die *Gewebetechnik* zu einem zweiteiligen Fachbuch zu vereinigen und es inhaltlich so zu erweitern, daß der Titel Gewebe*technik* zu Recht bestehen kann. *H. Rothe*

Das Färben von Polyester- und Polyacrylnitril-Fasern. Von *J. Ehlert.* Stuttgart: Franz Eder 1969, 294 S. A 6. Geb. DM 24,—.

Seit der Herausgabe der ersten Auflage des vorliegenden Ratgebers sind acht Jahre vergangen. In dieser Zeit sind auf dem Gebiet der synthetischen Faserstoffe — insbesondere bei Polyacrylnitril- und Polyesterfasern — so viele Neuerungen sowohl bei den Fasern selbst als auch bei den Veredlungsverfahren hinzugekommen, daß eine vollständige Neubearbeitung des Stoffes vorgenommen werden mußte. Der Autor wendet sich mit seinem Buch speziell an den Praktiker und verzichtet deshalb bewußt auf theoretische Abhandlungen und Literaturhinweise.

Im ersten Abschnitt (135 S.) behandelt der Verfasser das Färben der Polyesterfasern. Nach allgemeinen Hinweisen wird u. a. das Entschlichten, Reinigen, Waschen, Thermofixieren, Alkalisieren, Bleichen, optische Aufhellen und die antistatische Ausrüstung besprochen. Dann folgte der Hauptteil des Abschnittes, das Färben der PE-Fasern. Seine wichtigsten Themen sind: Färbeverfahren (HT- und Carrierfärbungen), Vor- und Nachteile der einzelnen Verfahren, Carrier, Carrierflecke, Farbstoffe, Nuancieren, Nachreinigen, Abziehen, Trocknen, Nachfixieren und das Färben von Fasermischungen. Auch physikalisch und chemisch modifizierte PE-Fasern werden besprochen.

Die Gliederung des zweiten Abschnittes (97 S.), welcher sich mit dem Färben der Polyacrylnitrilfasern befaßt, ist ähnlich der des ersten. Der Autor bespricht u. a. folgende Themen: Homopolymerisatfasern, sauer bzw. basisch modifizierte Copolymerisatfasern, Farbstoffsortimente, Retarder, Vorbehandlung, Rezepturberechnung, Färbeverfahren (einschließlich der ITW- und Defitherm-Verfahren), Fehlermöglichkeiten sowie das Färben von PVY-Fasern in verschiedenen Aufmachungen und Mischungen.

Der dritte Abschnitt (24 S.) ist neueren Maschinen und Apparaten für das Färben von Synthesefasern gewidmet. Der Interessent findet hier viele Neukonstruktionen beschrieben, die in den letzten Jahren auf den Markt gebracht worden sind und durch 20 Abbildungen bzw. Skizzen vorteilhaft ergänzt werden. Den Schluß bildet ein umfangreiches Stichwortverzeichnis (6 S.).

Der behandelte Stoff ist übersichtlich geordnet; der Druck und die Ausstattung des Buches sind recht ansprechend. Viele Praxisrezepte geben dem Veredler wertvolle Hinweise für seine tägliche Arbeit. Die vorliegende 2. Auflage des Ratgebers kann den Interessenten sehr empfohlen werden. *G. Hirsch*

Encyclopedia of Polymer Science and Technology. Plastics, Resins, Rubbers, Fibers. Vol. 8: Keratin to Modacrylic Fibers. Hgg. von *Herman F. Mark*, *Norman G. Gaylord* und *Nobert M. Bikales.* New York/London/Sidney: Interscience Publ., Wiley & Sons 1968. XIII, 839 S. Lwd. Subskriptionspreis £ 15,—; Einzelpreis £ 18,15.

Der 8. Band beginnt bei *Keratin* und endet mit *Modacrylic Fibers.* 45 Autoren zeichnen für die 40 Kapitel verantwortlich, und es ist schwierig, eine rangordnende Empfehlung für die Lektüre zu geben; denn alle Abschnitte sind — wie die der bisherigen 7 Bände — so geschrieben und gestaltet, daß jeder Faserstoff-Fachmann, der etwas Zeit erübrigt, rentabel und mit einem gewissen Vergnügen sich über sein Gebiet im weitesten Sinn informieren und seine Kenntnisse vertiefen kann und somit Anregungen für die eigene Arbeit erhält. Wir setzen dabei seine Bereitschaft voraus anzuerkennen, daß man Textilien nicht ewig nur aus Faserstoffen herstellen wird.

Mit welcher Breite die Polymerwissenschaft und -technologie angegangen wird, soll die folgende Auswahl zeigen, wobei wir besonders die Interessen der Leser dieser Zeitschrift berücksichtigen.

Wissenschaftliche Grundlagen werden dargelegt in den Kapiteln *Kinetics of Crystallization* (21 S.), *Kinetics of Polymerization* (13 S.), *Living Polymers* (23 S.), *Melt Viscosity* (33 S.) und *Microtacticity* (25 S.). Technologische Konsequenzen werden z. B. im Abschnitt *Melt Extrusion* (54 S.) gezogen.

Als substanzbezogene Übersichtsartikel sind zu nennen: *Keratin* (44 S.), *Lignin* (40 S.) und *Modacrylic Fibers* (27 S.). Und dann gibt es wieder eine Reihe ausgezeichneter Zusammenfassungen: *Laminates* (42 S.), *Latexes* (31 S.), *Leather* (15 S.) und *Leather-Like Materials* (22 S.), *Lubricants* (13 S.), *Man-Made Fibers, Manufacture* (31 S.) und *Membranes* (19 S.).

Schließlich sei noch die informatorisch wertvolle Arbeit über *Literature of Polymers* (21 S.) erwähnt.

Mit diesem achten Band dürfte etwa die Hälfte der Gesamtarbeit geschafft sein. Gestartet wurde 1964; also wird die Prognose, die wir vor zwei Jahren aufstellten[1]), leider stimmen. *V. Gröbe*

[1]) Faserforsch. u. Textiltechnik **18** (1967) S. 495.

Patentschau

Auszug aus den Lieferungen 5/6 und 7/8 1969 der Patentschau „Faserstoffe und Textiltechnik", Ausgabe A: Faserstoffe einschl. Kunststoffe und organ. Grundsubstanzen, zusammengestellt von der Abteilung Wissenschaftliches Berichtswesen des Instituts für Faserstoff-Forschung der DAW, 153 Teltow-Seehof, Kantstr. 55

Die Patentschau ist nach der deutschen Patentklasseneinteilung gegliedert. Es bedeuten: DDP = DDR-Patent; DBP = Deutsches Bundespatent; DAS = (West-)Deutsche Auslegeschrift; OeP = Österreichisches Patent; PoP = Polnisches Patent; SzP = Schweizer Patent; FrP = Französisches Patent; GBP = Britisches Patent; JaP = Japanisches Patent; SvP = Schwedisches Patent; SUP = Sowjetisches Patent; ČSP = Tschechoslowakisches Patent; USP = Amerikanisches Patent; A = Anmeldedatum, B = Tag der Ausgabe der Patent- bzw. Auslegeschrift.

Klasse 12o, 6. Synthetische Derivate der Kohlenhydrate u. dgl. z. B. Celluloseester, auch Viskose

GBP 1134235. Polymere aus Kohlenhydraten. Inh.: Milk Marketing Board. A. 18. 5. 66, B. 20. 11. 68. Kl.: C3.P. Int. Kl.: C 08f 19/00. A.-Z.: 22069/66.

JaP 24546/68. Stabilisierung von Celluloseacetat. Inh.: Asahi Chisso Acetate Co. Ltd. A. 11. 5. 66, B. 23. 10. 68. A.-Z.: 29782/66.

ČSP 129428. Verfahren zur Aktivierung von Cellulose vor dem Esterifizieren. Erf.: *Alex Letenay, Alexander Pikler, Justín Svitek* u. *Ján Repka.* A. 26. 2. 66, B. 15. 4. 68. Kl.: 12o, 6. Int. Kl.: C 07c. A.-Z.: 1299/66.

Klasse 12o, 14. Aromatische Carbonsäuren und Harzsäuren (teilweise)

JaP 23610/68. Gereinigte Terephthalsäure. Inh.: Sumitomo Kagaku Kogy K. K. A. 25. 11. 68, B. 11. 10. 68. Kl.: 16C. A.-Z.: 66527/64. Entspr. DAS 1256210 u. FrP 1464175.

Klasse 12p, 5. Stickstoffringe der heterocyclischen Reihe mit einem Stickstoffatom. Sonstige Ringe mit einem Stickstoffatom ...; Lactame ... (teilweise)

JaP 24428/68. Herstellung von ε-Caprolactam. Inh.: Teijin Co. A. 25. 1. 66, B. 22. 10. 68. Kl.: 16E. A.-Z.: 4188/66.

Klasse 29a. Mechanische Gewinnung von Gespinstfasern

FrP 1551008. Verfahren zur Herstellung faser- und fadenförmiger Produkte. Inh.: Shell Internationale Research Maatschappij N. V. A. 31. 7. 67, B. 27. 12. 68. Int. Kl.: D 01d. A.-Z.: 116265. Prior.: 2. 8. 66 (Nd; A.-Z.: 6610834). Entspr. GBP 1123538.

SUP 211020 (Urheberschein). Vorrichtung zum Bestimmen des Verschmutzungsgrades von Rohbaumwolle. Erf.: *T. I. Baleev, A. N. Kolpakov, V. S. Euz'mičov* u. *E. T. Gil'čik.* Anm.: Gosudarstvennoe special'noe konstruktorskoe bjuro biofizičeskogo priborostroenija. A. 10. 12. 66, B. 8. 2. 68. Kl.: 29a, 1. A.-Z.: 1117755/28—12.

SUP 221205 (Urheberschein). Maschine zum Reinigen der Baumwollsamen nach Poljakin. Erf.: u. Anm.: *I. L. Poljakin.* A. 7. 12. 66, B. 1. 7. 68. Kl.: 29a, 1 (45e, 7/44). A.-Z.: 1117718/30—15.

SUP 214006 (Urheberschein). Vorrichtung zur Speisung von Brechmaschinen durch eine schräg vorgelegte Schicht von Bastfaserstengeln. Erf. u. Anm.: *M. I. Šejkin.* A. 6. 9. 66, B. 20. 3. 68. Kl.: 29a, 2/02. A.-Z.: 1103014/28—12.

SUP 223250 (Urheberschein). Labormäßige Vorrichtung zum Lösen der Fasern vom Bastfaserstroh. Erf.: *V. M. Osinova, T. V. Stojanova. L. N. Kirillov, Ju. M. Vitner, V. S. Makeev, A. A. Šuškin, V. L. Golicyn*

u. *R. K. Pronina*. Anm.: Central'nyj naučno-issledovatel'skij institut promyšlennosti lubjanych volokon. A. 11. 6. 66, B. 2. 8. 68. Kl.: 29a. 2/02. A.-Z.: 1082168/28 – 12.

FrP 1546531. Neue Fäden und ihr Herstellungsverfahren. Inh.: Société Rhodiaceta. A. 22. 6. 67, B. 22. 11. 68. Int. Kl.: D 02g u. D 02j. A.-Z.: 111538.

JaP 23879/68. Fäden. Inh.: Toyo Rayon Co. Ltd. A. 3. 2. 67, B. 15. 10. 68. A.-Z.: 6600/67.

JaP 23790/68. Hochfrequenz-Schweißapparaturen. Inh.: Kureha Kagaku Kogyo K. K. A. 10. 4. 66, B. 14. 10. 68. A.-Z.: 20000/64.

USP 3411942. Verfahren zur Anwendung von Flüssigkeitszusätzen auf gegenüberliegende Oberflächen eines kontinuierlichen multifilen Kabels. Erf.: *Theodore C. Fritz* u. *Richard F. Dyer*. Inh.: Eastman Kodak Co., Rochester, N. Y. A. 21. 12. 64, B. 19. 11. 68. Kl.: 117 – 68. 1 Anspr. A.-Z.: 419748.

DAS 1281095. Mehrlochspinndüse. Erf.: *Gerald Kopetz, Klaus Jürgen Schreiber* u. *Hermann Diezel*. Anm.: Chemische Werke Hüls AG, 4370 Marl. A. 21. 1. 65, B. 24. 10. 68. Kl.: 29a, 6/10. A.-Z.: P 1281095. 6 – 26 (C 34913). Entspr. GBP 1126653.

FrP 1551421. Keramischer Fadenführer zum Spinnen eines synthetischen Materials. Inh.: N. V. Philips' Gloeilampenfabrieken. A. 10. 1. 68, B. 27. 12. 68. Int. Kl.: D 01d u. D 01h 13/00. A.-Z.: 135448. Prior.: 11. 1. 67 (Nd; A.-Z.: 6700373).

FrP 1545908. Verfahren zur Herstellung gekräuselter Faserstoffe aus makromolekularen Thermoplastmaterialien. Inh.: Shell Internationale Research Maatschappij N. V. A. 29. 8. 67, B. 15. 11. 68. Int. Kl.: D 01d u. B 29d 7/00. A.-Z.: 119247. Prior.: 31. 8. 66 (Nd; A.-Z.: 6612238). Entspr. DDP 64542 u. SzP 466496.

SzP 466496. Verfahren zur Herstelung von Kräuselfasern oder Kräuselgarnen aus thermoplastischen, makromolekularen Stoffen. Erf.: *Gerrit Schuur*. Inh.: Shell Internationale Research Maatschappij N. V., Carel van Bylandtlaan 30, Den Haag (Nd). A. 29. 8. 67. Kl.: 29a, 6/20. A.-Z.: 12062/67. Prior.: 31. 8. 66 (Nd; A.-Z.: 6612238). Entspr. DDP 64542 u. FrP 1545908.

ČSP 129532. Verfahren und Vorrichtung zum Wechseln von Spinnmaschinen. Erf.: *Jan Lehner, Vlastimil Šorm* u. *František Wurm*. A. 27. 10. 66, B. 15. 4. 68. Kl.: 29a, 6/30 (32a, 25), Int. Kl.: D 01d u. C 03c. A.-Z.: 6859/66.

DAS 1281629. Blasschacht zur Kühlung von im Schmelzspinnverfahren hergestellten synthetischen Fäden. Anm.: Gebr. Trox GmbH, 4133 Neukirchen-Vluyn. A. 7. 12. 65, B. 31. 10. 68. Kl.: 29a, 6/31 A.-Z.: P 1281629. 4 – 26 (T 29960).

SvP 217762. Vorrichtung zur Herstellung von garn- oder bandähnlichen Produkten von thermoplastischen, linearen Polymeren. Erf.: *J. W. Y. Heijnis*. Inh.: N. V. Onderzoekingsinstituut Research, Arnhem (Nd). A. 5. 4. 60, B. 19. 12. 67. Kl.: 29a, 6/31. Prior.: 6. 4. 59 (Nd; A.-Z.: 237849). Entspr. DAS 1208845 u. SzP 395420.

Klasse 29b. Chemische Gewinnung bzw. Herstellung von Spinnfasern und Fäden sowie ihre Präparation für die textile Weiterverarbeitung

SUP 214007 (Urheberschein). Verfahren zur Gewinnung von Fasern aus Bast. Erf.: *A. A. Arno, M. I Gitel'macher, A. K. Irchin, Ja. S. Klejman, A. B. Novikov, O. S. Semenova, S. U. Usmanov, T. S. Chalikov, L. I. Calkin* u. *A. Alimchodžaey*. Anm.: Central'nyj naučno-issledovatel'skij institut chlopkovoj promyšlennosti i central'nyj naučno-issledovatel'skij institut promyšlennosti lubjanych volokon. A. 3. 9. 66, B. 20. 3. 68. Kl.: 29b, 2/01 (29a, 2/02). A.-Z.: 1100922/28 – 12

DDP 65003. Verfahren zum Spinnen von Viskosereyonfäden. Erf.: *Uchida Yoichi* u. *Hukuma Keniti*. Inh.: Reijin Ltd., Osaka (Ja). A. 15. 9. 67, B. 20. 12. 68. Kl.: 29b, 3/20. A.-Z.: AP 29b/127234.

DDP 65005. Verfahren zur Herstellung von Viskosefäden. Erf.: *Yukio Kimura, Taro, Yamamura, Atsushi* Kawai, *Masamichi Ikeda, Takehiro Katsuyama, Takanori Oda* u. *Sakae Kondo*. Inh.: Mitsubishi Rayon Co. Ltd., Tokio (Ja). A. 24.5. 67. B. 20. 12. 68. Kl.: 29b, 3/20. A.-Z.: AP 28 b/124815.

JaP 26339/68. Regeneratcellulosefäden. Inh.: Kurashiki Rayon Co. Ltd. A. 18. 1. 64, B. 12. 11. 68. Kl.: 42B. A.-Z.: 2219,64.

JaP 23865/68. Viskosehohlfäden. Inh.: Asahi Chem. Ind. Co. Ltd. A. 28. 8. 64, B. 15. 10. 68. A.-Z.: 48441/64.

PoP 56661. Verfahren zur Herstellung von Viskoseseide. Erf.: *Mirosław, Kopa, Marian Sobolewski, Wacław Sopieia, Stanisław Lipiński, Józef, Maciejewski, Tadeusz Leosz, Miecysław Makowski* u. *Tadeusz Slatina*. Inh.: Instytut Włókien Sztucznych i Syntetycznych, Łódź (Po). A. 5. 2. 65 Kl.: 29b, 3/20.

SvP 218438 Zus. z. Pat. 200477. Verfahren zur Herstellung von Seide, Fasern und ähnlichen Produkten aus Viskose. Erf.: *A. Buurman, P. C. Limburg*, u. *R. A. Vroom*. Inh.: N. V. Onderzoekingsinstituut Research, Arnhem (Nd). A. 14. 3. 59, B. 23. 1. 68. Kl.: 29b, 3/20. Prior.: 18. 3. 58 (Nd; A.-Z.: 225993). Entspr. DAS 1159588.

SvP 218788 Zus. z. Pat. 200477. Verfahren zur Herstellung von Seide, Fasern und ähnlichen Produkten aus Viskose. Erf.: *P. C. Limburg, A. Buurman* u. *R. A. Vrom*. Inh.: N. V. Onderzoekingsinstituut Research, Arnhem (Nd). A. 12.7 . 58, B. 13. 2. 68. Kl.: 29b, 3/20. Prior.: 13. 7. 57 (Nd).

USP 3410647 Zus. z. Pat. m. A.-Z.: 134817. A. 30. 8. 61. Behandlung von im Gelzustand befindlichen gequollenen Faserstoffen des Acrylnitriltyps mit Zinksulfoxylat-Formaldehyd, Zinkhydrosulfoxylat-Formaldehyd oder Zinkhydrosulfit. Erf.: *Julian J. Hirshfeld*. Inh.: Monsanto Co., St. Louis, Mo. A. 10. 5. 65, B. 12. 1. 68. Kl.: 8 – 97. 4 Anspr. A.-Z.: 454699. Entspr. SzP 428085 u. GBP 1019344.

JaP 23875/68. Faserförmige Polyesterartikel. Inh.: Toyo Rayon Co. Ltd. A. 14. 2. 67, B. 15. 10. 68. A.-Z.: 8945/67.

FrP 1555274. Verfahren zur Herstellung von Fäden und Fasern aus mehreren Komponenten sowie danach erhaltene Produkte. Erf.: *K. Kern*, Inh.: VEB Chemiefaserwerk Schwarza „Wilhelm Pieck". A. 29. 2. 68, B. 24. 1. 69. Int. Kl.: D 01f. A.-Z.: 141848.

JaP 26356/68. Faserförmige Erzeugnisse aus Kohlenstoff. Inh.: Nippon Kayaku Co. Ltd. A. 10. 10. 64, B. 12. 11. 68. Kl.: 42E. A.-Z.: 57534/64. Entspr. GBP 1111299.

OeP 270846. Verfahren zur Herstellung von Bikomponentenfäden oder -fasern. Erf.: *Fritz Straberger, Hans Krässig* u. *Gerhard Hofinger*. Inh.: Chemiefaser Lenzing AG, Lenzing (OÖ). A. 3. 2. 67, B. 15. 8. 68. Kl.: 29b, 17. A.-Z.: 1019/67.

JaP 26337/68. Verbesserung der Farbstoffaufnahmefähigkeit von Regeneratcellulose-Faserstoffen. Inh.: Kokoku Rayon & Pulp Co. Ltd. A. 22. 3. 65, B. 12. 11. 68. Kl.: 42B. A.-Z.: 16255/65.

GBP 1140047. Verfahren zur Herstellung von sehr weißen, spinnbaren Polyamidkompositionen und die erhaltenen Kompositionen. Inh.: Snia Viscosa Soc. Nazionale Industria Applicazioni Viscosa S. p. A. 22. 3. 66, B. 15. 1. 69. Kl.: C 3.R. Int. Kl.: C 08g 41/02 u. 51/54. A.-Z.: 12511/66. Prior.: 2. 4. 65 (It; A.-Z.: 7449). Entspr. FrP 1472615.

PoP 56587. Verfahren zur Herstellung von PVC-Fasern. Erf.: *Edward Masłowski, Jerzy Cypryk, Gabriel Włodarski* u. *Ludwik Fiszer*. Inh.: Instytut Włókien Sztucznych i Syntetícznych Łódź (Po). A. 21. 1. 67. Kl.: 29b, 3/60.

ČSP 130287. Verfahren zur Herstellung von Fasern mit verbesserter Anfärbbarkeit aus kristallinen α-Olefinen. Erf.: *Jozef Prokopec, Koloman Ondrejmiška, Vladimír Lacko, Pavol Hrivniak, Vojtech Krútel, Ivan Zamboj* u. *Mária Pechočová*. A. 28. 9. 66, B. 15. 6. 68. Kl.: 29b, 3/60. Int. Kl.: D 01f. A.-Z.: 6203/66.

SzP466498 Zus. z. Pat. 360159. Verfahren zur Herstellung von färbbaren Gebilden aus Polyolefin. Erf.: *Alberto Bonvicini* u. *Ennio Ildos*. Inh. Montecatini Soc. Gen. per l'Industria Mineraria e Chimica, Mailand (It) A. 19. 6. 62. Kl.: 29b, 3/65. A.-Z.: 6100/62. Prior.: 23. 5. 61 (It; A.-Z.: 9567/61). Entspr. GBP 1004478 u. USP 3320334.

DDP 65004. Vereinfachtes kontinuierliches Verfahren zur Herstellung schrumpfarmer synthetisher Faserstoffe aus Polymeren und/oder Copolymeren des Acrylnitrils. Erf. u. Inh.: *Peter Eberhard, Klaus Sachsinger Heinrich Sandner* u. *Dietrich Riedel*. A. 23. 11. 67, B. 20. 12. 68. Kl.: 29b, 5/04. A.-Z.: WP 29b/128507.

JaP 26351/68. Spinnen von Fäden aus modifizierten Polymeren. Inh.: Toyo Spinning Co. Ltd. A. 28. 11. 64, B. 12. 11. 68. Kl.: 42D. A.-Z.: 67145/64.

JaP 26350/68. Verbesserte Polyvinylalkoholfäden. Inh.: Japan Leather Co. Ltd. A. 25. 7. 66, B. 12. 11. 68. Kl.: 42D. A.-Z.: 48373/66.

JaP 26343/68. Schmelzspinnen linearer Gegenstände. Inh.: Asahi Chem. Ind. Co. Ltd. A. 7. 4. 65, B. 12. 11. 68. Kl.: 42D. A.-Z.: 20017/65.

JaP 25951/68. Gekräuselte Polyacrylfäden. Inh.: Toyo Rayon Co. Ltd. A. 21. 12. 64, B. 8. 11. 68. Kl.: 42D. A.-c.: 71736/64.

Klasse 32a, 37/00. Herstellung von Fasern oder Fäden aus flüssigem Glas, flüssigen Mineralien oder flüssiger Schlacke

ČSP 129531. Vorrichtung zum Aufwickeln von Glasfaserbündeln. Erf.: *Milan Šmejc* u. *Viktor Tichý*. A. 25. 10. 66, B. 15. 4. 68. Kl.: 32a, 37/00: Int. Kl.: C.03b. A.-Z.: 6775/66.

ČSP 129418. Mehrstufige Strömungsspinndüse für Mineralschmelzen. Erf.: *Ladislav Srnský, Miroslav Oppelt, Ludăk Boucný* u. *Ladislav Lednický*. A. 7. 2. 66, B. 15. 4. 67. Kl.: 32a, 37/08. Int. Kl.: C 03b. A.-Z.: 760/66.

Klasse 39b. Verarbeitung von plastischen Massen, Kautschuk und hornartigen Stoffen, soweit nicht anderweitig vorgesehen (chemischer Teil), auch von Brems- und Schleifmassen sowie thermischen und akustischen Isoliermasssen (teilweise)

FrP 1552319. Vorrichtung zur Manipulation und zum Transport von Polymeren. Erf.: *W. F. Dew jr., B. T. Thomeson jr.* u. *A. E. Leybourne*. Inh.: Monsanto Co. A. 20. 12. 67, B. 3. 1. 69. Int. Kl.: C 08 17/00 u. C 08g 20/00. A.-Z.: 133114. Prior.: 21. 12. 66 (US; A.-Z.: 603673).

FrP 1546704. Verfahren zum Verkleben von Olefinelastomeren mit synthetischen Fasern und so erhaltene bearbeitete Gegenstände. Lrf.: *L. Torti*, u. *G. Bertelli*. Inh.: Montecatini Edison. A. 10. 10. 67E B. 22. 11. 6 Int. Kl.: C 08f u. C 09j. A.-Z.: 123847. Prior.: 14. 10. 66 (It; A.-Z.: 28859).

FrP 1545754. Verbesserungen bei Verfahren zur Stabilisierung von linearen synthetischen Polyamiden sowie danach erhaltene Produkte. Inh.: F. Urgesi. A. 15. 9. 67, B. 15. 11. 68. Int. Kl.: C 08g 20/00 u. C 08g 51/00. A.-Z.: 121159. Prior.: 22. 9. 66 (It; A.-Z.: 21777/66).

JaP 24542/68. Poly-β-alanin-Lösung. Inh.: Asahi Kasei Kogyo K. K. A. 4. 2. 65, B. 23. 10. 68. A.-Z.: 5881/65.

FrP 1550864. Selbstverlöschende Kompositionen auf Basis von Polystyrolharzen. Inh.: The Dow Chemical Co. A. 12. 1. 68, B. 20. 12. 68. Int. Kl.: C 08f. A.-Z.: 135783.

FrP 1551506. Verfahren zur Reinigung von in der flüssigen Phase erhaltenen Olefinpolymeren. Erf.: *G. Di Drusco* u. *P. Galli*. Inh.: Montecatini Edmsoef S. p. A. A. 16. 1. 68, B. 27. 12. 68. Int. Kl.: C 08f. A.-Z.: 136167. Prior. 18. 1. 67 (It; A.-Z.: 11612A/67).

GBP 1134017. Thermoplastische Kompositionen. Inh.: Eastman Kodak, Co. A. 21. 1. 66, B. 20. 11. 68. Kl.: C 3.P. Int. Kl.: C 08f 29/04. A.-Z.: 2755/66. Prior.: 22. 1. 65 (US; A.-Z.: 427499). Vgl. GBP 1134018. Entspr. FrP 1465095.

GBP 1134121 Zus. z. Pat. 1055175. Modifizierte Polyolefine. Inh.: Imperial Chemical Industries Ltd. A. 20. 1. 66, B. 20. 11. 68. Kl.: C 3.P. Int. Kl.: C 08f 29/10. A.-Z.: 2642/66. Entspr. FrP 91729 u. FrP 1513632.

JaP 23766/68. Polyolefin. Inh.: Sumitomo Chemical Co., Ltd. u. Toyo Boseki K. K. A. 8. 7. 65, B. 14. 10. 68. A.-Z.: 40955/65. Entspr. FrP 1486144 u. USP 3405200.

FrP 1551624. Stabilisierte Polyacetylharz-Kompositionen. Inh.: Tenneco Chemicals Inc. A. 18. 1. 68, B. 27. 12. 68. Int. Kl.: C 08g 37/00. A.-Z.: 136568.

FrP 1546122. Verfahren zur Herstellung von hydrolysebeständigen Polyurethanelastomeren mit verbesserten Eigenschaften sowie danach erhaltene Produkte. Inh.: Continental Gummi Werke AG. A. 29. 11. 67, B. 15. 11. 68. Int. Kl.: C 08g 22/00. A.-Z.: 130276.

GBP 1133834. Verfahren zur Herstellung von lichtstabilen Polyurethanelastomeren und die erhaltenen Produkte. Inh.: Urgesi, F. A. 5. 1. 66, B. 20. 11. 68. Kl.: C 3.R. Int. Kl.: C 08g 21/04. A.-Z.: 433/66. Prior.: 5. 11. 65 (It; A.-Z.: 24461). Entspr. FrP 1497772.

GBP 1134904. Mit Faserstoffen verstärkte Gegenstände. Inh.: Shell Internationale Research Maatschappij N. V. A. 16. 8. 67, B. 27. 11. 68. Kl.: C 3.E. Int. Kl.: C 08c 17/16. A.-Z.: 37715/67. Prior.: 17. 8. 66 (Nd; A.-Z.: 6611638 u. 6611539).

GBP 1139949. Polyurethanmaterialien. Inh.: Imperial Chemical Industries Ltd. A. 7. 12. 66, B. 15. 1. 69. Kl.: C 3.R. Int. Kl.: C 08g 41/00. A.-Z.: 54823/66.

JaP 26086/68. Polyolefine. Inh.: Toyo Spinning Co. Ltd. A. 26. 7. 65, B. 9. 11. 68. A.-Z.: 45188/65.

JaP 26088/68. Vinylchlorid-Polymeres. Inh.: Nippon Carbide Kogyo K. K. A. 26. 7. 65, B. 9. 11. 68. A.-Z.: 44852/65.

JaP 26090/68. Harzkompositionen. Inh.: Toyo Koatsu Ind. Inc. A. 18. 8. 65, B. 9. 11. 68. A.-Z.: 49952/65.

SvP 218261. Geformte Produkte, wie Filme, Folien, Bogen, Fasern und Fäden, aus einer Polymermischung aus einem kristallisierbaren, linearen, im wesentlichen unverzweigten Kopf/Schwanz-Homopolymeren aus Butylen-1 oder Propylen oder einem solchen Copolymeren aus Butylen-1 oder Propylen mit Äthylen. Erf.: *G. Natta, K. Ziegler, H. Martin, G. Mazzanti* u. *P. Pino*. Inh.: Montecatini Soc. Gen. per l'Industria Mineraria e Chimica, Mailand (It); u. K. Ziegler, Mülheim/Ruhr (DB). A. 8. 6. 55, B. 16. 1. 68. Kl.: 39b, 22/06 (29b, 3/65). Prior.: 8. 6. 64, u. 27. 7. 64 (It; A.-Z.: 24227 u. 25109), u. 3. 8. 54 (DB; A.-Z.: Z 4348, DAS 1257430). Entspr. USP 3231515, USP 3392162. Siehe auch SvP 218464.

OeP 271015. Verfahren zur Herstellung von Formlingen aus Polyäthylenterephthalat. Inh.: Algemene Kunstzijde Unie N. V., Arnhem (Nd). A. 18. 11. 66, B. 15. 8. 68. Kl.: 39b, 22. A.-Z.: 10681/66. Prior.: 20.11.65 u. 29. 6. 66 (Nd).

JaP 25992/68. Wärmestabilisierung von Polyoxymethylen. Inh.: Toyo Rayon Co. Ltd. A. 1. 9. 64, B. 8. 11. 68. A.-Z.: 49778/64.

JaP 26192/68. Polyoxymethylen. Inh.: Toyo Rayon Co. Ltd. A. 9. 10. 64, B. 11. 1. 68. A.-Z.: 57327/64.

JaP 26193/68. Oxymethylen-Copolymeres. Inh.: Toyo Rayon Co. Ltd. A. 18. 1. 65, B. 11. 11. 68. A.-Z.: 4228/65.

Klasse 39c. Herstellen von Kunstharzen

JaP 23958/68. Copolyamide. Inh.: Asahi Chemical Ind. Co., Ltd. A. 14. 5. 65, B. 16. 10. 68.

JaP 23959/68. Polyamidcopolymeres. Inh.: Asahi Kasei Kogyo K. K. A. 25. 5. 65, B. 16. 10. 68. A.-Z.: 30430/65.

GBP 1134122. Basische Copolyamide. Inh.: Imperial Chemical Industries Ltd. A. 10. 3. 66, B. 20. 11. 68. Kl.: C 3.R. Int. Kl.: C 08g 19/00. A.-Z.: 10543/66 (ausgesch. aus Pat. 1055175). Entspr. FrP 1513632.

USP 3410826 Zus. z. Pat. m. A.-Z.: 331354. A. 18. 12. 63. Verfahren zur Herstellung geformter Gegenstände aus Polyamidsäuren vor der Umwandlung in unlösliche Polyimide. Erf.: *Andrew L. Endrey*. Inh.: E. I. du Pont de Nemours and Co., Wilmington, Del. A. 10. 4. 67, B. 12. 11. 68. Kl.: 260 – 47. 13 Anspr. A.-Z.: 629816.

SUP 226148 (Urheberschein). Verfahren zur Stabilisierung von Polyarylaten. Erf.: *A. A. Berlin, M. S. Akutin, L. A. Podivilova, B. I. Liogon'kij* u. *V. A. Vonsjackij*. Anm.: Naučno-issledovatel'skij institut plastmass. A. 19. 2. 64 B. 5. 9. 68. Kl.: 39c, 15. A.-Z.: 882242/23 – 5.

FrP 92735 Zus. z. Pat. 1464376. Verfahren zur Herstellung löslicher thermoplastischer Polycarbonate mit erhöhter relativer Molekülmasse. Inh.: Farbenfabriken Bayer AG. A. 8. 6. 67, B. 20. 12. 68. Int. Kl.: C 08g 17/00 A.-Z.: 109599. Prior.: 8. 6. 66 (DB; A.-Z.: F 49420).

JaP 24541/68. Polyesterkomposition. Inh.: Teijin K. K. A. 4. 6. 65, B. 23. 10. 68. A.-Z.: 331144/65.

USP 3412069 Zus. z. Pat. m. A.-Z.: 782885 A. 24. 12. 58. Polyester mit Spirostruktur. Erf.: *Leonard M. Rice.* u. *John B. Clements*. Inh.: Celanese Corp. A. 20. 5. 66, B. 19. 11. 68. Kl.: 260 – 75. 3 Anspr. A.-Z.: 551806.

FrP 1546156. Verfahren zur Polymerisation von Formaldehyd sowie Vorrichtung zur Durchführung des Verfahrens. Inh.: Società Italiana Resine S. p. A. A. 30. 11. 67, B. 15. 11. 68. Int. Kl.: C 08g 1/00. A.-Z.: 130438. Prior.: 29. 4. 67 (It; A.-Z.: 15533 A/67).

FrP 1546427. Verfahren zur Polymerisation von Formaldehyd. Inh.: Societa Italiana Resine S. p. A. A. 7. 12. 67, B. 15. 11. 68. Int. Kl.: C 08g 1/00. A.-Z.: 131358. Prior.: 29. 4. 67 (It; A.-Z.: 15537).

DDP 64889. Verfahren zur Herstellung von Polyxylylidenen. Erf. u. Inh.: *Hans Heinrich Hörhold*, Jena. A. 4. 12. 67, B. 5. 12. 68. Kl.: 39c, 25/01. A.-Z.: WP 39c/128625.

SzP 466577. Verfahren zum Pyrolysieren von Mischpolymerisaten aus Aethylen und Vinylestern. Erf.: *Pieter van Saane* u. *Johannes Marie Frielink*. Inh.: Stamicarbon N. V., van der Maesenstraat 2, Heerlen (Nd). A. 4. 5. 66, Kl.: 39c, 25/01. A.-Z.: 6442/66. Prior.: 7. 5. 65 (Nd; A.-Z.: 6505800). Entspr. FrP 1478150.

FrP 1545586 (Aj.). Thermoplastische Mischpolymere mit erhöhter Verdrehungstemperatur. Erf.: *E. Fivel* u. *P. Vergnaud*. Inh.: Plastugil, A. 8. 5. 67, B. 15. 11. 68. Int. Kl.: C 08f. A.-Z.: 105492.

FrP 1549413. Verfahren zur Herstellung von Copolymeren aus Äthylen und Acrylsäure. Inh.: Stamicarbon N. V. A. 16. 10. 67, B. 13. 12. 58. Int. Kl.: C 08f. A.-Z.: 124546. Prior.: 18. 10. 66 (Nd; A.-Z.: 6614676).

FrP 1547171. Verfahren zur Polymerisation von Vinylmonomeren. Inh.: Societa Italiana Resine. A. 14. 12. 67, B. 22. 11. 68. Int. Kl.: C 08f. A.-Z.: 132223. Prior.: 21. 6. 67, (It; A.-Z.: 17465 A/67).

FrP 1551553. Verfahren zur Polymerisation von Acrylnitril. Erf.: *S. Lo Monaco* u. *L. Patron*. Inh.: Chatillon Soc. An. Italiana per le Fibre Tessili Artificiali S. p. A. A. 17. 1. 68, B. 27. 12. 68. Int. Kl.: C 08f. A.-Z.: 136345. Prior.: 17. 1. 67 (It; A.-Z.: 11559/67, Acsa Applicazioni Chimiche S. p. A.).

FrP 1552002 (Aj.). Verfahren zur Copolymerisation von Acrylvinylverbindungen mit Epoxyestern α,β-ungesättigter Säuren. Erf.: *F. Lanos* u. *F. Katzanevas*. Inh.: Société Nationale des Pétroles d'Aquitaine. A. 20. 10. 67, B. 3. 1. 69. Int. Kl.: C 08f. A.-Z.: 125267.

SvP 217594. Verfahren zur Herstellung von gemischten Äthylenpolymeren sowie derartig hergestellte Äthylenpolymermischung. Erf.: *L. W. F. Kampschmidt*. Inh.: Stamicarbon N. V., Heerlen (Nd). A. 5. 6. 59, B. 12. 12. 67. Kl.: 39c, 25/01. Prior.: 7. 6. 58 (Nd; A.-Z.: 228537). Entspr. DAS 1271402.

SUP 226152 (Urheberschein). Verfahren zur Herstellung von Polyacrylnitril. Erf.: *Ju. S. Pajkačev, L. N. Mizerovskij, A. N. Bykov* u. *V. F. Borodkin*. Anm.: Ivanovskij chimiko-technologičeskij institut. A. 16. 11. 66, B. 5. 9. 68. Kl.: 39c, 25/01. A.-Z.: 1113122/23 – 5.

SUP 229801 (Urheberschein). Verfahren zur Herstellung von Polyvinylchlorid. Erf.: *V. S. Etlis, V. R. Lichterov* u. *Ju. A. Zvereva*. A. 6. 9. 67, B. 23. 10. 68. Kl.: 39c, 25/01. A.-Z.: 1185050/23 – 5.

FrP 1545639. Polyoxyperfluormethylen-Verbindungen sowie Verfahren zu deren Herstellung. Erf.: *D. Sianesi, G. Bernardi* u. *G. Moggi*. Inh.: Montecatini Edison S. p. A. A. 10. 7. 67, B. 15. 11. 68. Int. Kl.: C 08g 23/00 u. C 07c. A.-Z.: 113741. Prior.: 12. 7. 66 (It; A.-Z.: 16180/66).

Klasse 42k, 50. Textilprüfung, Verfahren, Vorrichtungen und Maschinen zum Prüfen von Fasern, Fäden, Garnen, Geweben auf ihre mechanischen und Festigkeitseigenschaften, auf Spannungen, mechanische Unregelmäßigkeiten, Drall (Drehung), Porosität

SUP 229832 (Urheberschein). Zugprüfgerät für textile und polymere Materialien. Erf.: *H. I. Ljukajtis* u. *V. L. Rajackas*. Inh.: Kaunasskij politichničeskij institut. A. 16. 6. 67, B. 23. 10. 68. Kl.: 42k, 50. A.-Z.: 1164866/28 – 12.

SUP 229833 (Urheberschein). Verfahren zur Herstellung der Abbildung von Querschnittskonturen eines Fadens. Erf.: *V. D. Pjatnickij*. A. 24. 3. 67, B. 23. 10. 68. Kl.: 42k, 50. A.-Z.: 1144914/28 – 12.

ČSP 129382. Vorrichtung zur Prüfung von Materialien. Erf.: *Emilian Tučka* u. *Miloš Konopásek*. A. 29. 12. 64, B. 15. 4. 68. Kl.: 42k, 50. Int. Kl.: G 01n. A.-Z.: 7370/64.

USP 3411352. Verfahren und Vorrichtung zur Bestimmung der Bauschigkeit von Fäden. Erf.: *Frederick L. Stoller*. Inh.: Phillips Petroleum Co. A. 1. 11. 66, B. 19. 11. 68. Kl.: 73 – 160. 5 Anspr. A.-Z.: 591201.

Klasse 55b. Verfahren zur Herstellung von Zellstoff, Zellstoffkocher, Wiedergewinnung der Ablauge und Abgase

OeP 270371. Verfahren zur Verhinderung von Verkrustungen in Anlagen von Sulfitzellstoffabriken durch Einsatz von mit Kunststoff überzogenem Material. Inh.: Walzel-Wiesentreu Benedikt. Leoben, Stmk. A. 18. 9. 67, B. 15. 7. 68. Kl.: 55c, 1/20. A.-Z.: 8481/67.

SUP 229953 (Urheberschein). Verfahren zur Zellstoffherstellung. Erf.: *G. A. Arakina, N. D. Sleporskaja* u. *I. E. Arakin*. Anm.: Vsesojuznyj naučno-issledovatel'skij institut celljulozno-bumažnoj promyšlennosti. A. 1. 9. 67, B. 23. 10. 68. Kl.: 55b, 1/20. A.-Z.: 1185026/23 – 4.

Literaturschau

Auszug aus Lieferung 9 und 10/1969 der Referatekartei „Faserstoffe und Textiltechnik", zusammengestellt von der Abteilung Wissenschaftliches Berichtswesen des Instituts für Faserstoff-Forschung der DAW, Teltow-Seehof, Kantstr. 55

I. Wissenschaftliche Grundlagen

Allgemeines

(Untersuchungsmethoden u. a.)

Williams, T. J.: Computer und Verfahrenskontrolle. IEC. Ind. engng. Chem. **61** (1969) 1, S. 76 – 89.

Bartenev, G. M., Ermilova, N. V.: Zur Theorie der rheologischen Eigenschaften fester disperser Strukturen. Zwei Typen der rheologischen Fließkurven. Kolloid. Z. Moskva **31** (1969) 2, S. 169 – 175.

Carberry, J. J.: Chemische Reaktionsverfahren. – Inter/Intraphasendiffusion und chemische Reaktion. IEC. Ind. engng. Chem. **61** (1969) 2, S. 51 – 53.

Weckmann, V. W., jr.: Chemische Reaktionsverfahren – Industrieorientierte Reaktionsverfahrenstechnik. IEC. Ind. engng. Chem. **61** (1969) 2, S. 53 – 62.

Sehrt, B.: Mdifiziertes Tropfengewichtsverfahren zur Messung der dynamischen Gonzflächenspannung. Tenside, München **6** (1969) 1, S. 1 – 3.

Angus, J. C.: Morrow, D. L., Dunning, J. W. jr., French, M. J.: Bewegungsmessung durch Laser-Doppler-Technik. Flüssigkeitsströmung, Transportvermögen und andere dynamische Messungen werden durch Bestimmung der Dopplerverschiebung von gestreutem Laserlicht gemacht. IEC. Ind. engng.Chem. **61** (1969) 2, S. 9 – 20.

Flüssigkeitschromatographie wird wieder aktuell. Automatische Hochdruckpumpensysteme helfen der Flüssigkeitschromatographie (LC), aus dem Schatten der Gaschromatographie zu treten. Chem. engng. News **47** (1969) 7, S. 38 – 39.

Janák, J.: Gaschromatographie in der organischen Chemie und Industrie. Chem. Listy, Praha (Chem. Bl.) **63** (1969) 2, S. 156 – 166.

Soczewinski, E.: Einfluß der Lösungsmittelzusammensetzung bei Dünnschichtchromatographie-Sytemen vom Typ Silikagel/elektronendonorer Lösungsmittel. Analytic. Chem. **41** (1969) 1, S. 179 – 182.

Physik und Chemie der Hochpolymeren

Schurz, J., Lederer, K., Schmidt, K. H.: Rheologische Messungen an Cellulosenitratlösungen als Modell für eine viskoelastische Flüssigkeit. Papier **23** (1969) 3, S. 125 – 129.

Elias, H.-G.: Über die Zusammenhänge zwischen den Exponenten in den Beziehungen zwischen Molekulargewicht einerseits und Staudinger-Index, Sedimentationskoeffizient und Diffusionskoeffizient andererseits. Makromol. Chemie **122** (1969) S. 264 – 266.

Géczy, I., Marton, G.: Schnellbestimmung der Verteilung der relativen Molekülmassen von Nitrocellulosen für die Lackindustrie durch Trübungstitration. Kolor. Ertesitö, Budapest (Kolor. Resch.) **10** (1968) 11/12, S. 310 – 316.

Bhatnagar, S. K.: Kohäsionsenergiedichte von cis-Polybutadien. Makromol. Chemie **122** (1969) S. 82 – 90 (engl.).

Iržak, V. I., Enikolopjan, N. S.: Prinzip der wahrscheinlichsten Verteilung. Dokl. Akad. Nauk SSSR (Ber. Akad. Wiss. UdSSR) **185** (1969) 4, S. 862 bis 865.

Wiley, R. H., Smithson, L. H., jr.: Massenspektrometrische Charakterisierung von mit reinem m- und reinem p-Divinylbenzol vernetztem Polystyrol. J. macromol. Sci., A: Chemistry **2** (1968) 3, S. 589 – 594.

Tewarson, S. P.: Eine phänomenologische Untersuchung des Lichtdurchganges durch orientierte Polyamidfaserstoffe. Kolloid-Z./Z. Polymere **229** (1969) 2, S. 132 – 136 (engl.).

Nakajima, A., Hayashi, S., Nishimura, H.: Veränderung der Lamellendicke von Polyäthyleneinkristallen während des isothermen Temperns in Substanz. Kolloid-Z./Z. Polymere **229** (1969) 2, S. 107 – 116. (engl.).

Anufrieva, E. V., Samokiš, V. A., Serdjuk, I. N., Eskin, V. E.: Temperatur-Auslöschung der Lumineszenz und konformationelle Umwandlungen von Makromolekülen einiger Polymerer. Vysokomol. Soed. (Hochmol. Verbind.) **11** B (1969) 2, S. 114 – 117.

Lapan, B. T. Kučer, R. V., Enad'ev, V. D., Gurenko, L. V.: Einfluß der Temperatur auf die Eigenschaften strukturierter Polymerisatemulsionen. Kolloid. Ž., Moskva **31** (1969) 2, S. 250–253.

Ovčinnikov, Ju. K., Markova, G. S., Kargin, V. A.: Elektronographische Untersuchung der Struktur von Polymerschmelzen. Vysokomol. Soed. (Hochmol. Verbind.) **11** A (1969) 2, S. 329–348.

Gudimov, M. M., Perov, B. V., Osikina, E. S.: Über die Besonderheiten des Rißwachstums in orientierten massiven Polymeren unter Einwirkung einachsiger Zugspannungen. Dokl. Akad. Nauk SSSR (Ber. Akad. Wiss. UdSSR) **185** (1969) 2, S. 349–352.

Patterson, G. K., Zakin, J. L., Radriguez, J. M.: Widerstandsminderung von Polymerlösungen, Seifenlösungen und Festkörpersuspensionen beim Fließen durch Rohre. IEC. Ind. engng. Chem. **61** (1969) 1, S. 22–30.

Potemkina, Z. I., Tokareva, L. G., Anan'eva, L. I., Michajlov, N. V.: Studium des Alterungschemismus von Polycaproamid bei der Thermooxydation. Chim. Volokna (Chem. Fasern) (1969) 1, S. 32–36.

Strjukov, V. B., Korolev, G. V.: Untersuchung der Rotationsbewegungen von Iminoxylradikal in verschiedenen Polymeren. Vysokomol. Soed. (Hochmol. Verbind.) **11** A (1969) 2, S. 419–425.

Carmichael, J. B.: Eine formale Analyse der Variablen innerhalb und außerhalb der Säule bei der Gelchromatographie. Makromol. Chemie **122** (1969) S. 291–294 (engl.).

Smith, W. B., Temple, H. W.: Untersuchung von Polymeren durch Gelchromatographie. IV. Abbau von Polystyrol durch Ultraschall und Benzoylperoxid. J. physic. Chem. **72** (1968) 13, S. 4613–4619.

Derminot, J., Belin, C., Leclercq, B.: Anwendung chromatographischer Techniken, besonders in der Gasphase, zur Untersuchung von Abbauprodukten bestimmter Damide. Bull. Inst. Textile France **22** (1968) 139, S. 899–913.

Bodmann, O.: Partielle spezifische Refraktionen von Polymethylmethacrylat und Polystyrol. I. Einfluß verschiedener Lösungsmittel. II. Eine Methode zur Endgruppenanalyse. Makromol. Chemie **122** (1969) S. 196 bis 209; 210–222.

Colborne, R. S.: Schmelztemperatur von Cellulosetricarbanilat. Makromol. Chemie **122** (1969) S. 261–263 (engl.).

Karamyšev, M. A., Macjuk, L. N.: Mechanismus des Ultraschall-Schweißens von Polymerfolien. Plast. Massy, Moskva (Plast. Massen) (1969) 2, S. 54–57.

Protasov, V. G., Barambojm, N. K.: Mechanochemische Modifizierung von Polyäthylen mit Monomeren. Plast. Massy, Moskva (Plast. Massen) (1969) 2, S. 8–9.

Natus, G., Goethals, E. J.: Die Reaktion von Propansulton mit Makro-Molekülen. I. Cellulose und Stärke. J. macromol. Sci., A: Chemistry **2** (1968) 3, S. 489–499.

Einsele, U.: Über die Umsetzung von Baumwolle mit trimerem Phosphornitrildichlorid. Melliand Textilber. **50** (1969) 3, S. 299–305.

Desai, R. L., Shields, J. A.: Photochemischer Abbau von Cellulosematerial. Makromol. Chemie **122** (1969) S. 134–144 (engl.).

Physik und Chemie der Monomeren und Oligomeren

Erlander, S. R.: Wasserstruktur und ihre Beziehung zu den Kohlenwasserstoff/Wasser-Wechselwirkungen. J. macromol. Sci., A: Chemistry **2** (1968) 3, S. 595–621.

Sokolov, N. M., Sevriugova, N. N., Žavoronkov, N. M. (Schreibw. i. Orig.: *Javoronkov, N. M.*): Untersuchung des Dampf/Flüssig-Gleichgewichts im System Acrylnitril/Verunreinigungen. Rev. Chimie, Bucureşti **20** (1969) 3, S. 169–172.

Părăusanu, V., Scodigor, Ch., Albu, M., Popa, L.: Potentiometrische Bestimmung von Terephthalsäure und p-Toluylsäure in Gegenwart von bei der Oxydation von p-Xylol entstehenden Produkten. Rev. Chimie, Bucureşti **20** (1969) 3, S. 173–175.

Ciuhandu, G., Mracec, M., Căpat, M.: Photometrische Bestimmung der Phthalsäure und einiger Derivate. Fresenius' Z. anlayt. Chemie **244** (1969) 2, S. 124.

Mikula, F., Petru, K., Arendarikova, Št.: Einfluß von Luft, Stickstoff und Kohlendioxid auf 6-Caprolactam bei erhöhten Temperaturen. Chem. Prům., Praha (Chem. Ind.) 18(43) (1968) 11/12, S. 589–594.

Strel'cova, A. A., Levašova, L. A., Kuznecóvá, K. E., Bučnev, I. F., Megrabjan, R. L., Isajan, G. A.: Herstellungstechnologie von Cyclohexanonoxim auf photochemischem Wege. Chim. Prom. (Chem. Ind.) (1969) 2, S. 8(88) bis 12(92).

Polymerisation

Neue Klasse von elektronenreichen Donatorpolymeren hilft bei der Untersuchung von Ladungstransportwechselwirkungen. Chem. engng. News **46** (1968) 54, S. 28.

Hui, A. W. T., Hamielec, A. E.: Polymerisationsreaktoren und Verteilung der relativen Molekülmasse, Rolle der Viskosität und des Rücklaufs in Reaktorsystemen. IEC. Ind. engng. Chem./Proc. Design Development **8** (1969) 1, S. 105–111.

Vogt, W., Dulog, L.: Die Radikalausbeute beim thermischen Zerfall von Azoisobuttersäuredinitril in Gegenwart von Sauerstoff und in Methylmethacrylat als Lösungsmittel. Makromol. Chemie **122** (1969) S. 223 bis 236.

Ohnishi, T., Tabata, Y.: Untersuchung der Verteilung der relativen Molekülmasse bei der strahlungsinduzierten Polymerisation in fester Phase. I. Theoretische Betrachtungen. Kobunshi Kagaku, Tokyo (Chem. High Polymers) **25** (1968) 284, S. 809–816 (engl. Zusammenfass.).

Yamashita, Y., Okada, M., Asakura, T., Miwa, Y.: tert-Butylchromat als Katalysator für die Polymerisation von β-Propiolacton und Epichlorhydrin. Makromol. Chemie **122** (1969) S. 281–283 (engl.).

Il'ina, M. K., Šermergorn, I. M., Dianov, M. P., Černova, V. I.: Synthese und Eigenschaften von Polyamiden und Polyamidoestern auf der Basis von bis-(N-Alkyl(acryl)aminomethyl)phosphinsäuren. Izv. Akad. Nauk SSSR, Serija chim. (Nachr. Akad. Wiss. UdSSR, Chemie) (1969) 3, S. 633 bis 636.

Pomogajlo, A. D., Matkovskij, P. E., Konovalov, V. P., Bejchol'd, G. A., Leonov, I. D.: Über die katalytische Copolymerisation von komplexgebundenem 2-Vinylpyridin mit Äthylen. Dokl. Akad. Nauk SSSR (Ber. Akad. Wiss. UdSSR) **184** (1969) 6, S. 1364–1367.

Aoki, Sh., Nakamura, H., Otsu, T.: Metallhaltige Initiatorsysteme. VIII. Kationische Polymerisation von Isobutylvinyläther mit Chlorwasserstoff in Gegenwart von Metallen oder Metallverbindungen. Kobunshi Kagaku, Tokyo (Chem. High Polymers) **25** (1968) 284, S. 835–839 (jap.; engl. Zusammenfass.).

Imoto, M., Iki, Y., Kinoshita, M., Takemoto, K.: Vinylpolymerisation 232. Über die initiierende Spezies bei der Polymerisation von Methylmethacrylat unter Auslösung durch Cellulose und Wasser. Beschleunigende Wirkung von Tetrachlorkohlenstoff auf die Polymerisation. Makromol. Chemie **122** (1969) S. 287–290. (engl.).

Mazzei, A., Cucinella, S., Marconi, W.: Stereospezifische Polymerisation von Isopren mit Alanoderivaten und Titanverbindungen. Makromol. Chemie **122** (1969) S. 168–185 (engl.).

Kormer, V. A., Jufa, T. L., Poletaeva, I. A., Babickij, B. D., Stepanova, Z. D.: Polymerisation von Cyclobuten und Cyclopenten unter dem Einfluß von π-Allylkomplexen der Übergangsmetalle. Dokl. Akad. Nauk SSSR (Ber. Akad. Wiss. UdSSR) **185** (1969) 4, S. 873–875.

Pinazzi, Chr. P., Brossas, J.: Polymerisation von Methylencyclobutan. Synthese eines Isopolyisoprens. Makromol. Chemie **122** (1969) S. 105–122 (engl.).

Vidotto, G., Crosato-Arnaldi, A., Talamini, G.: Polymerisation von Acrylnitril in Gegenwart von verschiedenen Lösungsmitteln. Makromol. Chemie **122** (1969) S. 91–104 (engl.).

O'Driscoll, K. F., Dickson, J. R.: Copolymerisation mit Bremsung des Kettenwachstums. II. Copolymerisationsgeschwindigkeit von Styrol und α-Methylstyrol. J. macromol. Sci., A: Chemistry **2** (1968) 3, S. 449 bis 457.

Podol'skij, A. F., Skvorcevič, Ė. P., Korotkov, A. A.: Polymerisation von α-Methylstyrol unter Einwirkung von Dinatriumtetramerem des α-Methylstyrols. Vysokomol. Soed. (Hochmol. Verbind.) **11** A (1969) 2, S. 266 bis 275.

Ise, N., Hirohara, H., Makino, T., Sakurada, I.: Ionische Polymerisation im elektrischen Feld. XII. Anionische Living-Polymerisation von Styrol in binären Mischungen von Benzol und Tetrahydrofuran. J. physic. Chem. **72** (1968) 13, S. 4543–4549.

Tolstouchova, L. P., Korotkov, V. I., Šejnker, A. P., Abkin, A. D.: Copolymerisation von Acrylnitril mit Styrol und Methylmethacrylat in Zweiphasen-Systemen bei Temperaturen der eutektischen Temperatur. Vysokomol. Soed. (Hochmol. Verbind.) **11** B (1969) 2, S. 148–151.

Kuzaev, A. I., Komratov, G. N., Korovina, G. V., Mironceva, G. A., Entelis, S. G.: Einfluß von Äthylenglykol auf die Copolymerisation von Tetrahydrofuran und Propylenoxid in Gegenwart von Bortrifluorid-Tetrahydrofuranat als Katalysator. Vysokomol. Soed. (Hochmol. Verbind.) **11** A (1969) 2, S. 443–452.

Koršak, V. V., Rusanov, A. L., Kacarava, R. D.: Synthese und Untersuchung neuer Polybenzimidazole. Izv. Akad. Nauk SSSR, Serija chim. (Nachr. Akad. Wiss. UdSSR, Chemie) (1969) 3, S. 728.

Nara, Sh., Matsuyama, K.: Pfropfcopolymerisate der Cellulose mit Methylmethacrylat und Butadien. I. Synthese und Charakterisierung. Kobunshi Kagaku, Tokyo (Chem. High Polymers) **25** (1968) 284, S. 840–844 (jap.; engl. Zusammenfass.).

Black, W. A. P., Colquhoun, J. A., Dewar, E. T.: Polymere und Copolymere mit D-Galactoseresten. Makromol. Chemie **122** (1969) S. 244–260 (engl.).

II. Faserstoffe. Ausgangsstoffe usw.

Naturfaserstoffe

Tierische Faserstoffe

Malek, G., Forbito, P.: Technologie und wissenschaftliche Grundlagen der Wolle. Aussagen über die Vergangenheit, die Gegenwart und die Zukunft. Galaxia, Buenos Aires (1968) 22, S. 55–62. (span.).

McPhee, J. R.: Produktentwicklung im Technischen Zentrum des internationalen Wollsekretariats. Textile Manuf. **95** (1969) 1130, S. 56–59.

Moncrieff, R. W.: Wollschuppen: die Sperrklinken-Theorie wird verteidigt. Textile Manuf. **95** (1969) 1129, S. 8–9.

Die Wolle behauptet sich. Spinner, Weber, Textilveredlung **87** (1969) 3, S. 179, 181 (dt. u. engl.).

Kerényi, I.: Entwicklungsrichtungen der Seidenindustrie. Magyar Textiltechn. **21** (1969) 2, S. 77–81.

Mitchell, T. W., Feughelman, M.: Die Phasenumwandlung in nassen α-Keratinfaserstoffen oberhalb 100 °C. Kolloid-Z./Z. Polymere **229** (1969) 2, S. 124–131 (engl.).

Chemiefaserstoffe

Tjuganova, M. A., Liševskaja, M. O.: Faserstoffe mit Eigenschaften eines Ionenaustauschers. Chim. Volokna (Chem. Fasern) (1969) 1, S. 10–12.

Cellulose und Zellstoff

Steege, H.: Der Holzverarbeitungskomplex Bratsk. Zellstoff u. Papier **19** (1969) 3, S. 88–90.

Rogers, J. K., Thompson, M. S.: Untersuchung einiger Galactoglucomannane der Engelmannfichte. Svensk Papperstidn. **72** (1969) 3, S. 61–67.

Hansson, J.-Å., Hartler, N., Szabo, I., Teder, A.: Wirkung der Bohrhydridkonzentration auf die Reduzierung von Kohlehydraten. Svensk Papperstidn. **72** (1969) 3, S. 78–80.

Timell, T. E.: Die chemische Zusammensetzung von Zugholz. Svensk Papperstidn. **72** (1969) 6, S. 173–181 (engl.).

Back, E. L.: Holzanatomische Aspekte des Harzproblems. Svensk Papperstidn. **72** (1969) 4, S. 109–121.

Lindgren, B., Norin, T.: Harzchemie. Svensk Papperstidn. **72** (1969) 5, S. 143–153.

Göransson, S.: Zellstoffharz und Viskoseeigenschaften. Zellstoff u. Papier **18** (1969) 3, S. 76–81.

Leahy, T. E.: Bestimmung der bei der Viskoseregenerierung auftretenden Gase. Tappi, New York **52** (1969) 1, S. 115–117.

Samuelson, O., Thede, L.: Identifizierung der Carboxylgruppen in der Cellulose nach der Vorreife von Alkalicellulose. Tappi, New York **52** (1969) 1, S. 99–104.

Synthetische Faserstoffe

Heitmiller, R. F.: Feste Polyesterfaser. Mod. Textiles Mag. **49** (1968) 11, S. 48–49.

Parex kann – bei Lieferung eines 99% reinen Produktes – die Extraktionskosten von p-Xylol zur Hälfte kürzen. Chem. engng. News **47** (1969) 11, S. 47.

Maschinen, Produkte und Verfahren zur Herstellung und Verarbeitung von Folien und Flachfäden aus Polypropylen und Polyäthylen. Z. ges. Textilind. **71** (1969) 3, S. 198–200, 201–202.

Polyäthylen und Polypropylen zu Flachfäden verarbeitet. VDI-Nachr. **23** (1969) 12, S. 24.
Micko, M., Pikler, A.: Studium der Thermooxydation von Polypropylenfasern. III. Einfluß der einbahnigen Deformation auf den Verlauf der Thermooxydationskurven. Chem. Vlakna, Svit (Chem. Fasern) **19** (1969) 1, S. 9–11.

Künstliche mineralische Faserstoffe

Somogyi, A.: Das Glas als Textilrohstoff. Magyar Textiltechn. **21** (1969) 1, S. 29–31.
Neue farbbeständige und perlartig schimmernde Lurex-Typen. Hosiery Trade J. **76** (1969) 902, S. 137–141.
Morris, J. B.: Kohlenstoffasern. Textile Manuf. **94** (1968) 1128, S. 492 bis 495.

Ausgangsstoffe. Schaumstoffe. Kautschuk

Stoy, A., Krčma, L.: Ein elastomeres, weichgemachtes Polyacrylnitril. Chem. Prům., Praha (Chem. Ind.) 18(43) (1968) 11/12, S. 598–604.
Čiberin, Ju. I., Selin, A. N.: Schwefelkohlenstoff- und Schwefelwasserstoffbilanz bei der Erzeugung von Cellophanfolie. Chim. Volokna (Chem. Fasern) (1969) 1, S. 49–51.

Sonderfragen

Day, M., Peters, A. T.: Synthese und UV-Spektren von Nitrodiphenylamin-Dispersionsfarbstoffen. III. UV-Spektren einiger substituierter 2- und 4-Nitrodiphenylamine. J. Soc. Dyers Colourists **85** (1969) 1, S. 8–13.

III. Fäden-Herstellungstechnologien

Spinnerei. Zwirnerei

Spinnereivorbereitung

Wegener, W., Topf, W.: Das physikalische Verhalten von Schmälzen und deren Wirkung auf Fasern unterschiedlicher Hygroskopizität. Textil-Praxis **24** (1969) 1, S. 15–19; 3, S. 144–148.
Geplanter Fortschritt in der Wollwäscherei. Textile Manuf. **95** (1969) 1130, S. 53–54.
Zedlack, G.: Produktivitätserhöhung durch Einsatz von Krempelausstoßanlagen in Streichgarnspinnereien. Dt. Textiltechnik **19** (1969) 4, S. 213–215.

Spinnerei

Kaltenecker, M., Németh, I.: Die Wirtschaftlichkeitsberechnung der Investition von der spindellosen Spinnmaschine Typ Bd 200. Magyar Textiltechn. **21** (1969) 1, S. 41–44.
Rodehacke, K.: Praktische Hinweise zur Pflege und Instandhaltung von Streichgarn-Spinnereimaschinen. Textil-Praxis **24** (1969) 3, S. 132–134.
Garde, A., Rottmayer, H.: Die Grundursachen der Fadenbrüche an der Baumwollringspinnmaschine. Melliand Textilber. **50** (1969) 3, S. 247 bis 252.
Saramet, C.: Die Berechnung der Scheibendurchmesser bei Transmissions- und Einzelantrieben durch Riemen (Keilriemen) konstanter Länge für n-Übertragungsverhältnisse bei beschränkter Möglichkeit der Änderung des Achsenabstandes. Ind. textilă, Bucureşti **50** (1969) 2, S. 97–105.
Krämer, A.: Wirtschaftliche Aspekte und Auswahl moderner Hochverzugsstreckwerke. Ind. textilă, Bucureşti **20** (1969) 3, S. 179–180.

Erzeugnisse der Spinnerei und Zwirnerei

Kropaček, R. G.: Möglichkeiten für eine Vergrößerung der Garnkörper in der Streichgarnspinnerei. Tekstil. Prom., Moskva (Textil-Ind.) **29** (1969) 11, S. 42–43.
Evans, M. K.: Kammgarn aus Kammzug in 4 Arbeitsgängen. Ind. textile Paris (1969) 975, S. 15–18.
Wegener, W., Arizit, P.: Der Einfluß des Verstreckungsverhältnisses auf die Schwankungen der Fadeneigenschaften und der Ablauffadenzugkraft. Melliand Textilber. **50** (1969) 3, S. 261–264.
Dorset, B. C. M.: Neue Fortschritte in der Verbesserung von Garnen und Stoffen. Textile Manuf. **94** (1968) 1128, S. 506–512.

Texturfäden

Ein neues Sortiment an Polyester-Texturseiden für die Maschenwarenindustrie. Hosiery Times **42** (1969) 476, S. 91, 93.
Knur, R.: Technologie und Herstellung von Helanca-Garnen. Spinner, Weber, Textilveredlung **87** (1969) 3, S. 193–203 (dt. u. engl.).
Longbottom, R. W.: Andere Polyamidtypen könnten texturiert werden. Mod. Textiles Mag. **49** (1969) 12, S. 19–21.

Kern/Mantel-Fäden

Jung, G.: Experimentelle und theoretische Untersuchungen des Verfahrens zur Herstellung von Kernwindefäden. Dt. Textiltechnik **19** (1969) 4, S. 209–213.
Liebscher, U., Zimmermann, G.: Maschinen und Verfahren zum Herstellen von Fäden aus bahnartigen Gebilden. Techn. Textilien **12** (1969) 1, S. 1–5.

Sonstige Fäden

Hybl, J.: Das „Offenend"-Spinnen von Viskosefasern. Ind. textile, Paris (1969) 975, S. 11–13.

IV. Flächengebilde-Herstellungstechnologien

Gibson, D. R.: Der Einfluß der Kettenwirkerei auf die Weberei. Hosiery Times **41** (1968) 475, S. 84–88.
Textilen Bodenbelägen auf den Grund gegangen. Kunststoff-Berater **14** (1969) 3, S. 211–212.

Materialvorbereitung

Walter, H.: Rationalisierung der Musterung durch Kurzketten-Schärmaschine. Z. ges. Textilind. **71** (1969) 3, S. 184–185.
Liute, D.: Über das Aufwinden der Fadenlagen und die Bewegung der konischen Spulen während des Spulvorganges. Ind. textilă, Bucureşti **20** (1969) 3, S. 188–191.
Molling, K. G.: Moderne Vorbereitung der Kette. Textile Manuf. **95** (1969) 1129, S. 3–7.
Olteanu, C.: Fadenreinigungssysteme mit Hilfe des USTER-Fadenreinigers. Ind. textilă, Bucureşti **20** (1969) 3, S. 181–184.

Weberei

Weberei-Technologie

Hochleistungs-Nadelbandwebmaschinen. Band- u. Flechtind. (1969) 1, S. 13 (dt. u. engl.).
Jederán, M., Andai, G.: Untersuchung der Kettenablaßvorrichtung des Baumwollwebautomaten. Typ AT-120-5M. II. Magyar Textiltechn. **21** (1969) 1, S. 7–10.
Min'kov, M. Z., Adamovič, N. D., Luvišis, L. A., Golod, A. G., Poljanskaja, M. M., Sorokina, G. M.: Prognose der Fadenbruchhäufigkeit in der Weberei nach Beurteilungen der Garnqualität. Tekstil. Prom., Moskva (Textil-Ind.) **29** (1969) 1, S. 47–50.

Erzeugnisse der Weberei

Mewes: Breitgewebe aus hochfesten Polyesterfäden und deren Verwendung für beschichtete und gummierte Artikel. Textil-Praxis **24** (1969) 3, S. 163–167.
Lobl, V.: Verzierung von Bekleidungsstoffen. Mod. Textiles Mag. **49** (1968) 12, S. 55–58, 80.
Alrsaker, J.: Teppichfußbodenbelag. Norsk Tekstiltid. (1968) 12, S. 25 bis 28.

Wirkerei und Strickerei. Konfektions. Sonstige Technologien

Gros, M. I.: Wohin geht die europäische Maschenwarenindustrie? Hosiery Times **42** (1969) 476, S. 69–71. 98.
Rónaszéki, G.: Über Kettengewirke. Magyar Textiltechn. **21** (1969) 1, S. 35–40.
Darlington, K. D.: Prinzipien des Entwurfs von kettengewirktem Kleiderstoff. Teil 6 u. 7. Hosiery Trade J. **76** (1969) 901, S. 121–122; 902, S. 142, 145–148.

Wirkerei- und Strickerei-Technologie

Norwegische Erfindung modernisiert Flachstrickmaschinen weiter. Norsk Tekstilind. (1968) 11, S. 6–8, 43.
Modische Massenproduktion mit Rundstrickmaschinen. Internat. Textil-Bull., Zürich (1968) 4, S. 1, 2, 7, 8, 13, 14.
Findley, P. M., Shelton, W. E., Alexander, W. V., Duffey, R. L. S.: Elektronische Verfahren in der Wirkerei/Strickerei. Hosiery Trade J. **76** (1969) 902, S. 77–81.
Ludwig, Th.: Faserflugentfernung aus der Strickzone von Großrundstrickmaschinen. Dt. Textiltechnik **19** (1969) 4, S. 222–225.

Konfektion

Wallis, N. A.: Automatisierung oder Mechanisierung in der Konfektion. Hosiery Trade J. **76** (1969) 902, S. 122, 135, 136.
Lensch, K. R.: Fertigungsplanung und Fertigungssteuerung in der Bekleidungsindustrie mit Hilfe der elektronischen Datenverarbeitung. Melliand Textilber. **50** (1969) 4, S. 418–422.
Köves, G.: Über die Doppelarmpikiermaschine Typ Cs 790. Magyar Textiltechn. **21** (1969) 2, S. 98–100.

Textilverbundstoffe

Gerwin, R.: Eiskristalle anstelle des Webstuhls. Kunststoff mit Gewebe-Struktur aus der Nagelbrett-Retorte. VDI-Nachr. **23** (1969) 12, S. 1.
Verfügbare Filterbahnen. Textile Manuf. **94** (1968) 1128, S. 503.

Faserverbundstoffe, Vliesstoffe

Hayes, K. Wayne: Vliesstoffe in der Umlaufbahn. Mod. Textiles Mag. **49** (1968) 11, S. 14–16.

Schichtstoffe

Fa. Singer-Cobble kündigt neue Tuftingmaschine an. Mod. Textiles Mag. **49** (1968) 12, S. 35, 38.

V. Textilveredlung

Golovanova, N. A.: Über die Veredlung von elastischen Strümpfen und Socken. Tekstil. Prom., Moskva (Textil-Ind.) **29** (1969) 1, S. 60–63.
Ponchel, P., Nguyen, Minh Man: Gegen Verfilzen behandelte Wolle und ihre Färbung. Bull. Inst. Textile France **22** (1968) 139, S. 923–943.
Farber, H. A., Souther, G. P.: Laufende Entwicklungen in der Textilbearbeitung unter Anwendung chlorierter Lösungsmittel. Amer. Dyestuff Rep. **57** (1968) 24, S. 53–56.
Porter, J. J., Miller, J. C.: Gleichzeitiges Färben und Harzausrüsten von Baumwoll- und Mischstoffen mit Säure- und Direktfarbstoffen. Amer. Dyestuff Rep. **57** (1968) 24, S. 48–52.

Farbstoffe. Textilhilfsmittel

Rattee, I. D.: Reaktivfarbstoffe beim Färben von Cellulosematerial. J. Soc. Dyers Colourists **85** (1969) 1, S. 23–31.
Endler, H.: Wasserlösliche Schlichten auf Polyacrylatbasis für synthetische Faserstoffe bzw. ihre Mischungen mit Cellulose-Faserstoffen. Galaxia, Buenos Aires (1968) 23, S. 21–24.
Hofstetter, H. H.: Die Anwendung organischer Lösungsmittel in der Textilveredlung — I. Mitteilung: Literatur über die Anwendungsmöglichkeiten organischer Lösungsmittel in der Ausrüstung und Färberei von Cellulosematerialien. Melliand Textilber. **50** (1969) 3, S. 321–334.
Antischaummittel. GIT. Fachz. Laboratorium **13** (1969) 2, S. 103.
Distler, H., Fuchs, F.: Über neue, hochwirksame Wiederbenetzer mit germiziden Eigenschaften. Tenside, München **6** (1969) 2, S. 65–68.

Bleicherei. Sonstige Vorbehandlungsarbeiten der Textilveredlung

Sármány, J., Fenyvesi, E.: Die Kontinuebleiche von Baumwollgewirken. II. Teil. Magyar Textiltechn. **21** (1969) 2, S. 89–94.
Kopsic, T., Forbito, P., Morini, C. L., Lauric, V., Garcia, D.: Bleichen der Wolle, Prüfung der Redoxmethoden. Kontrolle der chemischen und physikalisch-chemischen Angriffe auf die Wollfaser. Galaxia, Buenos Aires (1968) 22, S. 12–18 (span.).
Walter, H.: Rationelle Fehlermarkierung von Geweben und Gewirken. Spinner, Weber, Textilveredlung **87** (1969) 3, S. 203–206. (dt u. engl.).

Färberei

Swanepoel, C. A.: Aspekte des färberischen Verhaltens der Wolle und der Mohairwolle. Fibre e Colori Milano **18** (1968) 11, S. 441–443.
Morton, T. H.: Wasser für den Färber. Teil I. u. II. Textile J. Australia **43** (1968) 11, S. 16–19; 12, S. 40, 42, 44, 52, 54, 60.

Lebedeu, A.: Empfehlungen zur Herstellung von Flanell. Ind. textilă, București **20** (1969) 2, S. 129–130.
Genaue Kontrolle verbessert Qualität der Färbung. Textile Manuf. **95** (1969) 1129, S. 10–11.

Druckerei

Thoma, H.: Ein neues Verfahren zur Herstellung von Filmdruckschablonen. Spinner, Weber, Textilveredlung **87** (1969) 3, S. 213–219.
Teppich-Druckschablonen – eine spezialisierte Kunst. Mod. Textiles Mag. **49** (1968) 12, S. 36–38.
Borovskaja, A. V., Šikanova, I. A., Korčagin, M. V.: Rolle des Harnstoffs beim Bedrucken von Wollgeweben mit Reaktivfarbstoffen. Tekstil. Prom., Moskva (Textil-Ind.) **29** (1969) 1, S. 63–65.
Sinlcair, J. F.: Gesprenkelter Druck auf Wollstoffen. Textile J. Australia **43** (1968) 12, S. 22, 23, 29.
Saville, A. K., Larson, O. S., Meunier, P. L.: Der Druck von Polyester/Cellulosefasermischungen. Amer. Dyestuff Rep. **57** (1968) 24, S. 57–60.
Alsberg, F. R., Connor, H. G., Liquorice, W. F., Milne, S. W.: Wirkung und Gegenwirkung auf Reaktivfarbstoffe beim Textildruck seit 1956. Internat. Dyer, Textile Printer, Bleacher, Finisher **141** (1969) 3, S. 151 bis 160.

Ausrüstung. Trocknung

Schliefer, K.: Zum Stand der Technik marktnaher Hochveredlungsverfahren. Melliand Textilber. **50** (1969) 4, S. 469.
Schwanzer, P., Schwanzer, P.: Fixierung von Rundgewirken im Hinblick auf die Beseitigung der Bruchbildung bei der nachfolgenden Färbung. Textil, Praha **24** (1969) 2, S. 57.
Køpeke, V.: Fixieren – Bügeln. Norsk Tekstiltid. (1968) 11, S. 36, 38.
Neue Ausrüstungsverfahren für Wash-and-wear-Baumwollgewebe. Textile Manuf. **94** (1968) 1128, S. 513, 515.
Reich, F.: Synthappret LKF in der Filzfreiausrüstung von Wolle. Melliand Textilber. **50** (1969) 3, S. 305–312.
Ausrüstungsempfehlungen für Jersey-dor. Wirk.- u. Strick.-Technik **19** (1969) 4, S. 201–202, 204.
Ausrüstung von Doppeljersey-Stoffen aus „Terylene" für Herrenbekleidung. Hosiery Times **42** (1969) 476, S. 52, 53, 55.
Kleber, R.: Soil Release – Problematik und Aspekte. Textil-Praxis **24** (1969) 1, S. 42–52.
Entstauben von Geweben, Gewirken und luftundurchlässigen Warenbahnen. Textil-Praxis **24** (1969) 1, S. 40–41.
Schmidt, H.: Trockenzeitregelung von Lufttrocknern mittels Ablufttemperatur. Wäschereitechn. u. -chemie **22** (1969) 4, S. 162–164.
Kaufmann, G.: Zur Problematik schrumpffreier wollener Maschenware. Wirk.- u. Strick.-Technik **19** (1969) 3, S. 127–130, 132, 134–136, 138, 140.
Marčinčkin, A., Pikler, A.: Untersuchung des Einflusses der Verträglichkeit von Lichtstabilisatoren mit Polypropylen auf ihre lichtstabilisierende Wirkung. Chem. Vlákna, Svit (Chem. Fasern) **19** (1969) 1, S. 1–4.

Wäscherei. Chemische Reinigung

Enzyme dringen auf dem Waschmittelmarkt vor. Hersteller von enzymhaltigen Wasch- und Einweichmitteln streben nach einem Platz auf dem 1,5 Milliarden/Jahr-Haushaltwaschmittelmarkt in den USA. Chem. engng. News (1969) 5, S. 16–17.
Sehr günstige Prognose für die U.T.C. kontinuierlichen Handtuchrollen-Bearbeitungsmaschinen. Wäschereitechn. u. -chemie **22** (1969) 4, S. 164 bis 166.
Stay, A.: Reinigungsverhalten und Vergrauungstendenz bei Perchloräthylen-, Frigen 113 CR- und -11 CR-Flotten. Reiniger Rev./Chem. Reinigung/Färberei **12** (1969) 3, S. 65–66.
Eiffler, J.: Reinigung, Naßwäsche, Elektrostatik, Hygiene und Desinfektion bei textilen Bodenbelägen. Reiniger Rev./Chem. Reinigung/Färberei **12** (1969) 3, S. 72–73.

VI. Werkstoffprüfung. Meß- und Prüftechnik. Standardisierung

Eigenschaften und Fehler der Textilmaterialien u. a.

Hopff, H.: Über den Mechanismus der Farbstoffbindung. Naturwiss. **56** (1969) 2, S. 67–71.
Gantz, G. M.: Struktur und Leistung oberflächenaktiver Stoffe. Amer. Dyestuff Rep. **57** (1968) 23, S. 34–41.
Barella, M. A.: Neue Tendenzen in bezug auf die Bestimmung einiger physikalischer Eigenschaften von Wollfasern. Galaxia, Buenos Aires (1968) 22, S. 35–43 (span.).
Schnitzler, G., Maron, B.: Untersuchung der Drehung von Baumwollgarnen. Bull. Inst. Textile France **22** (1968) 139, S. 943–959.
Neuhaus, L.: Der Einfluß der Garnfeuchtigkeit auf den Reibwert von paraffinierten Garnen. Textil-Praxis **24** (1969) 3, S. 134.
Baraš, A. N., Zverev, M. P., Kostrova, K. A.: Festigkeitserhöhung und Eigenschaften von aus Dimethylsulfoxid- bzw. Dimethylformamidlösungen ersponnenen Polyacrylnitrilfaserstoffen. 2. Mitt. Chim. Volokna (Chem. Fasern) (1969) 1, S. 39–40.
Barth, J., Köthe, W., Schletter, W.: Untersuchungen über Ursachen von Langstreifen in nahtlosen Damenstrümpfen. Wirk.- u. Strick.-Technik **19** (1969) 3, S. 141–147.
Düll, R.: Praktische Durchführung von Zuverlässigkeitsprüfungen im Rahmen der statistischen Qualitätskontrolle. ZwF. Z. wirtsch. Fertigung **64** (1969) 3, S. 148–153.
McLaren, K.: Eine einfache Prüfmethode zur visuell bestimmten Vergilbung. J. Soc. Dyers Colourists **85** (1969) 1, S. 31–32.
Mecheels, O.: Über die funktionelle Kleidung. Bekleid. u. Wäsche **21** (1969) 6, S. 420–421.

Meß- und Prüftechnik

Nagy, S. B., Erdei, J., Varga, B., Kiss, A.: Anwendung oszillometrischer Meßverfahren auf dem Gebiet der Chemiefaserstofferzeugung. Kolor. Ertesitö, Budapest (Kolor. Rdsch.) **21** (1969) 1/2, S. 18–22.
Černý, J.: Vorschlag der statistischen Prüfung des Mischgarnes PES/Wolle bei der Kontrolle der linearen Ungleichmäßigkeit U – Teil 2. Textil, Praha **23** (1968) 12, S. 413–415.
Tallant, J. D., Pittman, R. A.: Verfahren zur Messung der Faserlängenverteilung. IEC. Ind. engng. Chem./Fundamentals 8 (1969) 1, S. 174–175.

Sotorres, A. M., Kopsic, T.: Papierelektrophoretische Bestimmung der Cysteinsäure, Beziehung zum Bleichen der Wolle. Galaxia, Buenos Aires (1968) 22, S. 4–6 (span.).
Vermund, H.: Der Einfluß verschiedener Garnlängen je Maschenreihe auf das Warenbild. Wirk.- u. Strick.-Technik **19** (1969) 3, S. 116–118.
Latham, D. H.: Polypropylen gegen grobe Naturfasern – eine Untersuchung über die Beständigkeit im Freien. Textile J. Australia **43** (1968) 11, S. 22, 28, 40, 42.
Gwinner, E., Nesch, U.: Schnellberstversuche an Folien. Kunststoffe **59** (1969) 2, S. 102–106.
Schneider, K.: Reibungsverhalten von Kunststoffgranulat. Kunststoffe **59** (1969) 2, S. 97–102.
Mittasch, H.: Abhängigkeit der Wärmeleitfähigkeit von Plastschäumen vom Feuchtigkeitsgehalt. Plaste u. Kautschuk **16** (1969) 4, S. 268–271.
Kröger, G.: Meßeinrichtung zur exakten Erfassung von Fadenlängen. Band- u. Flechtind. (1969) 1, S. 14–16 (dt. u. engl.).
Iyer, G., Garde, A.: Planen und Auswerten von Versuchen mit mehreren Faktoren. Textil-Praxis **24** (1969) 1, S. 22–27.
Moncrieff, R. W.: Luftverunreinigungen schwächen. Textile Manuf. **94** (1968) 1128, S. 514–515.

Standardisierung, Terminologie

Einheitliche Anbringung von Pflegeetiketten. Reiniger Rev./Chem. Reinigung/Färberei **12** (1969) 3, S. 78.
Das neue französische Größensystem für Herrenbekleidung. Bekleid. u. Wäsche **21** (1969) 7, S. 506–507.

VII. Betriebstechnik. Ökonomie. Tagungsberichte u. dgl.. Sonderfragen

Betriebstechnik

Caprolacton: ε-Form von Taft. Chem. engng. News **47** (1969) 8, S. 17.
Slade, F. H.: Höhere Betriebsleistungen verlangen feinste Kontrollvorrichtungen. Textile Manuf. **95** (1969) 1130, S. 47–52.
Wernicke, F.: Produktionssteigerung und Kostensenkung an Maschinen durch Einsatz von Saalschmieranlagen. Textil-Praxis **24** (1969) 1, S. 5–8.
Lennox-Kerr, P.: Reinigungsvorrichtungen für Bandwebmaschinen. Band- u. Flechtind. (1969) 1, S. 1 (dt. u. engl.).
Bräuer, W.: Malikustik – Schallschutz im Büro. IVB-Informationen (1968) 1, S. 41–43.

Ökonomie

Walter, H.: Wirtschaftliche Vorteile bei der Verwendung von Meß- und Regelanlagen in der Textilindustrie. Melliand Textilber. **50** (1969) 3, S. 345–348.
Rösel, F.: Schichtarbeit und sozialistischer Wettbewerb. Wirtschaft, Ausg. **A 24** (1969) 14, S. 6–7.
Produkte der Textilindustrie sind wieder im Steigen. Computeranalyse sagt für 1975 50% Verkaufsanstieg voraus: der Chemikalienbedarf der Industrie wird sich dann nahezu verdoppeln. Chem. engng. News **47** (1969) 6, S. 24–26.
Die Mitwirkung der Gewerkschaften beim Arbeitsstudium. Arbeit u. Arbeitsrecht **24** (1969) 7, S. 202–206.
Stadlmeier, H.: Frauen gestalten ihre Arbeitsplätze. Arbeit u. Arbeitsrecht **24** (1969) 8, S. 227–233.
Stanke, K.: Einfluß der Aufgabenstellungen für Erzeugnisentwicklungen auf den Verlauf der technischen Produktionsvorbereitung und die Erhöhung ihres Leistungsvermögens. Fertigungstechnik u. Betrieb **19** (1969) 4, S. 194–199.
Maravic, R., Vecernik, P.: Dynamische Organisation. Ind. Organis., Zürich **38** (1969) 4, S. 131–135.
Albrecht, G., Mayer, P., Thiemann, H.: Zur Quantifizierung des Einflusses der Industriebetriebe auf die Beschäftigtenzahlen der Mechanisierung und Automatisierung im Verwaltungsapparat. Sozial. Arbeitswiss. **13** (1969) 2, S. 118–134.
Retzlaff, M.: Einflußfaktoren bei der Planung von Anzahl und Berufsstruktur der Beschäftigten in den Leitungsorganen von Industriebetrieben. Sozial. Arbeitswiss. **13** (1969) 2, S. 135–149.
Amstutz, M. D.: Formen der Unternehmungskonzentration. Ind. Organis., Zürich **38** (1969) 3, S. 92–97.
Schwarz, E.: Struktur und Wandel der Unternehmensführung. Rationalisierung, München **20** (1969) 3, S. 76–77.
Neumann, G., Leupold, U., Lange, K.: Zielstrebigkeit – Stabilität – Anpassungsfähigkeit – Optimalität. Wirtschaft, Ausg. **A 24** (1969) 17, S. 6–7.
Hasler, E.: Sortiment und Absatz bei der Unternehmungskonzentration. Ind. Organis., Zürich **38** (1969) 3, S. 110–112.
Feigenbaum, A. V.: Integration und Gesamtoptimierung als Führungsziele. Rationalisierung, München **20** (1969) 3, S. 73–76.
Masing, W.: Aufgaben marktorientierter Unternehmensführung. Rationalisierung, München **20** (1969) 3, S. 63–64, 73.
Hoerkens, W.: Die Chemiefaserindustrie aus der Sicht der Farbwerke Hoechst. Textilveredlung, Weinfelden/Schweiz **4** (1969) 3, S. 183–187.
Vits, E. H.: Die Entwicklung der Chemiefaserindustrie 1968. Allg. prakt. Chemie, Wien **20** (1969) 2, S. 45–48.
Dallmayr, W.: Wissenschaft und Gesellschaft in den USA. VDI-Z. **111** (1969) 7, S. 413–421.
Ivanova, E. P.: Weltproduktion von Chemiefaserstoffen im Jahre 1967. Chim. Volokna (Chem. Fasern) (1969) 1, S. 64–69.
Ski, K.: Der Wollverbrauch hält Schritt mit der Wohlstandsentwicklung in Westeuropa. Norsk Tekstiltid. (1969) 1, S. 22, 45.
Waschmittel: Marktwachstum verlangsamt sich. Chem. engng. News **47** (1969) 5, S. 10.

Sonderfragen

Gramsch, H.-U.: Durchsetzung sozialistischer Großforschung. Wirtschaft, Ausg. A **24** (1969) 14, S. 3.
Böttcher, J., Goetz, M.: Anlernverfahren und Methoden in der Textilindustrie. Textil-Praxis **24** (1969) 1, S. 27–34.
Kulka, H.: Psychologische Problembereiche arbeitswissenschaftlicher Forschung. Sozial. Arbeitswiss. **13** (1969) 2, S. 102–107.
Link, E.: Dächer aus luftgefüllten Ballons. Kunststoff-Berater **14** (1969) 4, S. 286–287.
Fiala, E.: Zur Problematik von Bauvorschriften für Kraftfahrzeuge – am Beispiel der Sicherheitsgurte. VDI-Z. **111** (1969) 1, S. 11–17.

KURT THINIUS

Stabilisierung und Alterung von Plastwerkstoffen

Band I: Stabilisierung und Stabilisatoren von Plastwerkstoffen

1969. 720 Seiten · 80 Abbildungen · 58 Tabellen · gr. 8° · Leinen M 84,—

Entgegen der auch heute noch vielfach geäußerten Auffassung, daß der überwiegende Teil der produzierten Plastwerkstoffe dazu bestimmt sein soll, andere knappe und teuere Roh- und Werkstoffe zu ersetzen, ist es vielmehr die Aufgabe der im Industriezweig und der Forschung der Plastwerkstoffe Tätigen, sich weiter darum zu bemühen, diese Gruppe der organischen Werkstoffe in höchstmöglichem Maße überall dort einzusetzen, wo sie es vom technischen Standpunkt ihre Werkstoffeigenschaften erlauben oder geradezu fordern. Sie sollen hier einen hohen volkswirtschaftlichen Nutzen bringen und soweit wie nur irgendmöglich auch eine Einsparung an gesellschaftlicher Arbeit erzielen.
Der wirklich erreichbare wirtschaftliche Nutzeffekt der Plastformstoffe ist oft schwierig zu ermitteln. Er wird sich in den allerseltensten Fällen auf einen Betrieb beschränken oder beziehen lassen.
Eine sehr fundierte Werkstoffkunde mit den für die Plastwerkstoffe in ihrer Gebrauchsform des Plastformstoffes charakteristischen Vorgängen, Zuständen und Erscheinungen, für die es sich bei allen Sprachgebieten seit langem eingebürgert hat, den Begriff der Alterung zu gebrauchen, wird sich demgemäß als eine unabdingbare Notwendigkeit für die Erreichung des oben skizzierten gesellschaftlichen Zieles ergeben.
In dem Bestreben, hierbei den Wissenschaftlern, Technikern, Ingenieuren, Neuerern ein wenig zu helfen, ist das Buch über die Stabilisierung und Alterung der Plastwerkstoffe entstanden. Es schöpft aus einer fast 40jährigen wissenschaftlichen wie technologischen Bearbeitung mit Problemen der Stabilität und Stabilisierung des Makromoleküls, den Beeinflussungsmöglichkeiten dieser Eigenschaften durch Stabilisatoren sowie mit den Problemen der Dauerstandfestigkeit der aus dem Makromolekül herstellbaren Plastformstoffe.
Es sollte versucht werden, unter bewußtem Verzicht auf eine absolut erschöpfende Erfassung des einschlägigen Welt-Schrifttums. die grundlegenden Regelmäßigkeiten zu den Problemen der Stabilitätsverbesserung beim Aufbau des Makromoleküls selbst, wie auch durch verarbeitungstechnische Sorgfalt und Stabilisatoren darzulegen und auch aufzuzeigen, welche Grenzen der Einsatzfähigkeit den derzeitigen Plastformstoffen aus ihren Eigenschaften und ihren Wandlungsfähigkeiten her gegeben sind und wie die Bedingungen des sinnvollen Gebrauchs das Makromolekül beeinflussen.
Dieses Buch soll in seinem doppelten Charakter als Hand- und Nachschlagebuch wie auch als Lehrbuch für die Studentenschaft und den Kreis der Postgradualen dazu beitragen, die im Prognosezeitraum sehr weitgesteckten Ziele unserer Plastindustrie erreichen zu helfen.

THEORIA CUM PRAXI

Bestellungen durch eine Buchhandlung erbeten

AKADEMIE-VERLAG · BERLIN

31712

FSC
www.fsc.org
MIX
Papier | Fördert gute Waldnutzung
FSC® C083411

Zeitfracht Medien GmbH
Ferdinand-Jühlke-Straße 7
99095 Erfurt, Deutschland
produktsicherheit@kolibri360.de